한국사를 바꾼 12가지 공학 이야기

권오상 지음

한국사를 바꾼
12가지 공학 이야기

1판 1쇄 찍은날 2021년 8월 4일
1판 2쇄 펴낸날 2022년 8월 15일

지은이 | 권오상
펴낸이 | 정종호
펴낸곳 | 청어람미디어(청어람e)

마케팅 | 강유은
제작·관리 | 정수진
인쇄·제본 | (주)에스제이피앤비

등록 | 1998년 12월 8일 제22-1469호
주소 | 03908 서울 마포구 월드컵북로 375, 402호
이메일 | chungaram_e@naver.com
전화 | 02-3143-4006~8
팩스 | 02-3143-4003

ISBN 979-11-5871-181-8 43400

이 도서는 한국출판문화산업진흥원의 '2021년 우수출판콘텐츠 제작 지원' 사업 선정작입니다.

청어람 e)) 는 미래세대와 함께하는 출판과 교육을 전문으로 하는 **청어람미디어**의 브랜드입니다.
어린이, 청소년 그리고 청년들이 현재를 돌보고 미래를 준비할 수 있도록 즐겁게 기획하고 실천합니다.

한국사를 바꾼 12가지 공학 이야기

권오상 지음

청어람e))

사랑하는 두 아들 이준과 서준에게

차례

들어가는 말 | 08

1부: 편리와 수출

2부: 무기와 국방

3부: 엔지니어가 관련된 역사적 사건

들어가는 말

테크놀로지와 공학이라는 말을 왠지 낯설게 느끼는 사람이 적지 않다. 나와는 상관없는 일처럼 들려서다. 또 엔지니어를 단순히 고장 난 기기나 고치는 사람으로 생각하기도 한다. 청소년들은 사실 편견이 없는데 성인일수록 방금 전 얘기 같은 선입관이 강하다.

우리 역사를 돌이켜 봐도 공학은 남의 일 같다. 학교에서 배운 한국사 과목에서 우리 고유의 엔지니어링 성취를 접한 적이 없어서다. 한국사란 그저 중국에 시달리거나 혹은 왕 자리를 놓고 다투던 귀족들 사이 투쟁의 기록처럼 느껴지기도 한다. 한국사를 배우고 나서 우리의 과거에 자부심을 갖게 되기보다는 염증을 내는 경우가 많은 이유다.

20세기 초반만 해도 조선은 전 세계에서 가난한 것으로 이름이 높았다. 이후 35년간 일본의 식민 지배를 받았고 만 3년 넘도록 6·25전쟁을 겪었다. 그 시기 동안 그나마 있던 것을 모조리 빼앗기고 파괴당했다.

지금으로부터 50여 년 전인 1960년대만 해도 한국은 건물 지을 돈이 없어서 필리핀에 돈을 빌리러 가던 나라였다. 필리핀은 당시 못사는 나라인 한국을 위해 장충체육관을 무상으로 지어줬다. 또 필리핀은 광화문 광장 옆의 주한미국대사관과 현재는 대한민국역사박물관으로 바뀐 예전 경제기획원 청사의 건축 감리도 제공해주었다. 8층에 지나지 않는 건물 감리를 할 실력이 우리에게 없어서였다.

그랬던 우리가 현재 세계에서 제일 높은 건물을 지은 장본인이 되었다. 828미터 높이에 163개 층을 가진 두바이의 부르즈 할리파를 시공한 회사가 삼성물산 건설부문이다. 또한, 2018년 기준 한국은 약 3조 원의 돈을 개발도상국의 발전을 위해 무상으로 원조했다. 여기에는 필리핀에 제공한 700여 억 원도 포함되어 있다. 격세지감을 느끼지 않을 수 없다.

최근의 국제통화기금 통계로 한국은 세계에서 열 번째로 국내총생산이 큰 나라다. 이는 충분히 자부심을 가질 만한 결과다. 인구가 우리의 세 배고 영토는 170배에 달하는 러시아가 열한 번째로 우리보다 국내총생산이 작다. 코로나 바이러스에 대응하는 실력은 경제 규모 순위 이상이다. 우리보다 선진국이라고 생각했던 미국과 유럽의 수준은 낯뜨겁기까지 하다.

어떻게 이런 일이 가능하게 되었을까? 조금만 생각해보면 이유는 간단하다. 오늘날 우리가 어느 정도 남부럽지 않게 살게 된 데는 해외에서 돈을 벌어오는 삼성전자와 현대기아자동차로 대표되는 테크 회사 덕분이 크다.

그런데, 삼성전자가 생긴 해가 1969년, 현대자동차는 1967년, 기아자동차가 3륜 트럭 K-360을 생산하기 시작한 때가 1962년이다. 즉, 이들 회사의 역사는 백 년에 한참 못 미친다. 게다가 이들이 만드는 반도체나 자동차는 서양의 엔지니어링 테크놀로지를 바탕으로 한다. 그렇게 보면 삼성전자와 현대기아자동차가 현재 세계에서도 알아주는 회사가 된 게 신기할 따름이다. 무엇 때문에 이런 일이 일어날 수 있었을까?

일부 사람들은 현재의 우리 성과가 가능한 원인을 다른 데서 찾는다. 믿기지 않겠지만 황국의 신민으로 지낸 덕분에 한국이 근대화됐다는 이른바 '식민지 근대화론'이 한 예다. 일제강점기 동안 일본이 사회기반시설과 공장을 지어주지 않았다면 우리는 여전히 저개발 상태에 머물러 있었을 거라는 주장이다. 이들은 해당 시기 동안의 1인당 국내총생산 증가 등을 증거로 내세운다.

이는 고대 그리스 시절부터 잘 알려진 '포스트 혹 에르고 프롭터 혹(post hoc ergo propter hoc)'의 오류다. 시간상의 선후관계를 인과관계라고 우긴다는 얘기다. 식민지 근대화론을 들으면 나는 다음 이야기가 머리에 떠오른다. 여러분 중에 학교 다닐 때 집단 괴롭힘이나 일명 '빵셔틀'을 겪은 사람이 있을 터다. 그런 여러분이 나중에 좋은 성적을 올리거나 사회에 나가 성공한 이유가 중학생 때 일진에게 빵을 뜯긴 때문이라면 어이없지 않은가.

나는 다른 주장을 하려 한다. 우리는 원래 테크놀로지에 능한 민족이었다는 주장이다. 애초부터 잘하던 분야였기에 요즘 잘하는 게 하나도 이상하지 않다는 얘기다. 이게 우리의 진짜 모습이라는 의미다.

과연 그럴까? 우리에게 엔지니어링 유전자가 뼛속 깊이 새겨져 있다고 말로 하기는 쉽다. 중요한 일은 위의 말을 뒷받침할 증거다. 뒷받침할 증거가 없다면 헛된 망상에 지나지 않는다.

그렇다면 증거를 제시하자. 우리 민족의 시조는 단군이다. 단군이 나오는 책 중 가장 잘 알려진 것이 13세기에 일연이라는 법명을 가진 김회연이 쓴 『삼국유사』다. 아래에 『삼국유사』의 〈고조선왕검조선 편〉을 옮겨 놓았다.

옛날에 환인의 서자인 환웅이 천하에 자주 뜻을 두어, 인간세상을 구하고자 하였다. 아버지가 아들의 뜻을 알고 삼위태백을 내려다보니 인간을 널리 이롭게 할 만한지라, 이에 천부인 세 개를 주며 가서 다스리게 하였다. 웅이 무리 삼천을 거느리고 태백산 정상 신단수 밑에 내려와 신시라 하고 이에 환웅천왕이라 하였다. (중략) 웅녀는 혼인할 사람이 없었으므로 매양 단수 아래서 잉태하기를 빌었다. 웅이 이에 잠시 변하여 그녀와 혼인하였다. 잉태하여 아들을 낳으니 단군왕검이라 하였다. 당의 고임금이 즉위한 지 50년인 경인으로 평양성에 도읍하고 비로소 조선이라 하였다. (후략)

건국신화는 글자 그대로 읽어서는 곤란하다. 거기에는 멋있어 보이도록 과장된 표현이 포함되기 마련이다. 이탈리아인들은 전쟁의 신 마르스의 쌍둥이 아들 로물루스와 레무스가 늑대 젖을 먹고 자라 로마를 건국했다고 이야기한다. 일본인들은 남신 이자나기가 왼쪽 눈을 씻을 때 튕겨 나온 여신 아마테라스 오오미카미의 후손이 자신들의 초대 천황 진무라고 주장한다. 자신들의 선조가 신적 존재였다는 미사여구는 그냥 그랬구나 하고 넘기면 된다.

그렇다고 해서 신화의 모든 부분이 화장발은 아니다. 거기엔 사실도 일부 들어 있다. 그러한 역사적 사실을 찾아내고, 찾아낸 역사적 사실을 현재의 관점에서 음미함이 진정한 역사 읽기다. 단군신화에도 물론 그러한 역사적 사실이 포함되어 있다.

위에 옮겨 놓은 『삼국유사』 구절을 보면 한 가지가 눈에 띈다. 단군의 친할아버지가 환인, 즉 신이었다는 부분은 통상적인 미사여구다. 그보다는 환인이 환웅에게 줘서 다스리게 했다는 천부인 세 개가 이채롭다. 왜냐하면 천부인이 환웅의 능력과 권위를 나타내는 상징처럼 읽히기 때문이다.

천부인이 『삼국유사』에 나오기는 하지만 그게 무엇인지를 설명한 부분은 없다. 『환단고기』를 비롯한 다른 책에서도 사정은 비슷하다. 그럼에도 말로 전해지는 내용까지 없지는 않다. 환웅이 환인에게 받았다는 천부인 세 개는 청동거울, 청동방울, 청동검을 가리킨다고 알려져 왔다. 최남선은 『단군고기전석』에서 거울, 방울, 칼 등의 가능성이 높다고 봤다. 장수근도 『삼국유사의 연구』에서 거울, 방울, 칼의 세 가지를 천부인으로 지목했다.

위 세 가지에는 공통점이 하나 있다. 모두 청동으로 만들어진 물건이라는 점이다. 석기를 쓰는 사람들이 보기에 청동기를 가진 사람은 신의 아들처럼 보였을 터다. 번쩍이는 거울과 영롱한 소리가 나는 방울과 날카로운 칼을 지니고 있어서다. 실제로 천둥소리가 나는 화승총과 대포를 처음 본 16세기 잉카 원주민은 이를 가진 스페인 군인을 신으로 간주했다. 21세기로 치자면 스마트폰, 로봇 개, 공격용 드론을 갖고 원시 부족을 방문하는 것과 같다.

청동기의 제조는 쉬운 일이 아니었다. 청동은 섭씨 900도 정도로 온도를 높여야 녹는다. 청동의 주재료인 구리와 주석의 비율이 맞아야 하며, 그렇게 녹인 청동을 담아 굳힐 거푸집이 높은 온도에서도 터지지 않아야 한다. 또한, 구리와 주석 외에 납이나 아연 등의 불순물 포함 여부와 정도에 따라 성질도 천차만별이다. 당시 청동기의 제조가 최첨단 테크놀로지였다는 얘기다.

말하자면, 환웅과 단군왕검은 환인에게 받은 청동기의 능력과 권위로써 나라를 세웠다. 스스로 청동기를 제조할 실력과 역량이 없었다면 대를 이어 유지할 수 없는 권위였다. 즉, 환웅과 단군왕검 부자는 모두 고대의 엔지니어였다.

엔지니어링은 세 가지 방식으로 사람들에게 도움을 준다. 첫째는 일상 생활의 편리와 이로움이다. 자동차와 스마트폰이 없다면 삶이 얼마나 불편해질지를 생각해보라. 둘째는 수출을 통한 이익 창출이다. 외국에서 가치를 인정해주는 엔지니어링 결과물은 예나 지금이나 한 나라의 경제를 살찌우는 확실한 방법이다. 셋째는 전쟁에 이기기 위한 국방의 수단이다. 외적을 물리치기 위한 효과적 무기 개발은 역사적으로 엔지니어들의 중요한 임무였다.

이 책은 모두 3부로 구성되어 있다. 1장부터 4장까지의 1부는 삶의 이로움과 수출이 주제다. 종이와 활자, 도자기, 건축과 토목, 기계를 차례로 이야기했다. 5장에서 8장에 이르는 2부의 글감은 중국과 북방의 여러 민족, 또 일본의 침략 때 등장했던 무기다. 고구려의 철제 무기와 활, 고려와 조선의 군선, 현대의 다연장포에 비견할 만한 화차, 그리고 시한신관포탄, 지뢰, 로켓 화살 등 조선 때 만들어진 독특한 병기를 설명했다. 9장부터 12장까지인 마지막 3부는 우리의 선조 엔지니어들이 관련된 역사적 사건을 다룬다. 7세기 신라와 당의 전쟁, 13세기 고려와 몽골의 전쟁, 16세기 연산군의 폐위, 17세기 군비 확충에 그들이 어떠한 영향을 주었고 또 어떠한 영향을 받았는지를 살펴보았다.

즉, 이 책은 우리 역사를 엔지니어링과 테크놀로지 관점에서 바라본 책이다. 역사적 사건이나 구체적 사례, 그리고 실재했던 인물을 두루 다루었다. 개중에는 이미 익숙한 이야기도 있고, 또 처음 들어보는 이야기도 있을 터다. 우리의 과거를 공학의 시각으로 재조명하려는 이유는 그럼으로써 우리의 미래를 이끌 새로운 북극성과 나침반을 얻고자 함이다.

마지막으로, 이 책의 주제를 먼저 제안해주신 청어람미디어의 김상기 팀장과 정종호 대표께도 감사의 말을 드린다. 이 책에 분명히 있을 모든 오류와 허물은 오로지 나의 부족함 때문이다.

2021년 7월
자택 서재에서

권오상

【 1부 】
편리와 수출

1
고대와 중세 때부터 정보 테크놀로지의
선구자였던 한국

21세기의 IT에 비견될 십수 세기 전의 테크놀로지는?

오늘날을 대표하는 테크놀로지는 무엇일까? 아마도 적지 않은 사람들이 스마트폰이나 인공지능 혹은 가상현실을 생각할 듯싶다. 셋 모두에게는 공통점이 있다. 컴퓨터를 바탕으로 한 테크놀로지라는 점이다.

컴퓨터는 글자 그대로 계산하는 존재다. 1940년대에 최초의 디지털 컴퓨터가 개발되기 전에도 컴퓨터라는 말은 이미 실재했다. 원래 이는 직업의 하나였다. 즉, 컴퓨터는 계산을 종이 위에서 직접 수행하는 사람을 가리키는 말이었다.

사람 컴퓨터의 대부분은 여자였다. 이들은 원자폭탄 개발과 비행기의 성능 개량, 그리고 우주 조종사를 태운 유인 우주선 개발에 크게 기여했다. 사람 컴퓨터가 없었더라면 조금 전 언급한 엔지니어링 결과물은 이 세상에 나올 수 없었다.

다시 오늘날의 컴퓨터로 돌아와, 컴퓨터가 계산하는 대상은 숫자뿐이라고 생각하기 쉽다. 좀 더 정확하게 이야기하면 컴퓨터는 낮은 레벨에서는 데이터를, 높은 레벨에서는 정보를 처리한다. 정보는 컴퓨터가 다루는 본질적인 대상이다.

그렇다면 정보와 데이터가 처음 생겨난 시기가 디지털 컴퓨터가 만들어진 20세기일까? 조금만 생각해보면 그렇지 않음을 깨달을 수 있다. 정보는 인류 문명과 함께 존재해왔다. 문명을 비교하는 한 가지 방법이 사회에 축적된 정보의 총량일 정도다.

정보는 크게 보아 두 가지 성질을 요구받는다. 첫째는 보존 욕구다. 정보는 귀중하기에 오래 보관될 필요가 있다. 이를 대표하는 산물이 커다란 돌에 문자를 새긴 비석이다.

4세기 말부터 5세기 초까지 고구려는 동아시아 최강국이었다. 현재의 원산에서 영덕에 자리 잡고 있던 동예를 흡수했고 지금의 연해주에 위치한 동부여를 정벌했으며 베이징이 속한 허베이가 근거지인 후연의 침공을 물리쳐 요녕의 지배를 확고히 했다. 그때의 고구려 왕이 고담덕, 즉 광개토대왕이었다.

고담덕의 맏아들 고거련은 아버지가 거둔 승리를 오래도록 알리고 싶었다. 부친의 무덤을 키가 6미터가 넘는 돌로 장식하게 했다. 그리고 그 돌에 고담덕의 공훈을 요약한 1,700여 자의 한자를 새겨 넣었다. 돌에 새겨진 고담덕의 정보는 아들인 장수왕의 바람대로 1,600년 이상을 견뎌 지금까지도 거의 건재하다. 중국 길림성 집안현에 있는 광개토대왕릉비 이야기다.

정보가 요구받는 둘째 성질은 확산 욕구다. 정보는 갇혀 있기보다는

중국 길림성 집안현에 있는 광개토대왕릉비. 광개토왕은 영토를 확장하여 고구려를 동아시아 최강국으로 이끌었다.

널리 퍼지고 싶어 한다. 같은 정보를 한 명이 가졌을 때보다 열 명이 가졌을 때가 사회적 효용이 더 크고, 열 명보다는 백 명이 가졌을 때가 더 크다.

정보를 혼자 독점한 경우가 여러 사람 사이에 공유된 경우보다 더 가치가 높다고 생각하는 경우가 있다. 독점한 사람의 관점에서 보면 그럴지 모른다. 사회 전체의 관점으로 보면 결코 그렇지 않다. 정보는 많은 사람 간에 나눌수록 그 파이의 크기가 계속 커진다. 나누지 않는 정보를 가리키는 말이 따로 있다. 바로 첩보다. 첩보는 정보가 아니다.

광개토대왕릉비와 같은 비석은 정보를 보존하는 한 가지 방안일지언정 정보의 확산이라는 면으로는 결점이 많은 해결책이었다. 돌은 들고 다니기 무겁고 정보를 복제해서 전달해주기도 쉽지 않은 매체였다. 예를 들어, 중앙에서 지방으로 명령과 소식을 보내려 할 때 문자를 새긴 돌판을 들고 간다고 생각해보면 그 난처함을 짐작하기 어렵지 않다.

정보를 담을 수 있으면서 돌보다 가벼운 매체가 있다면 정보의 확산이 쉬워진다. 현재의 이라크에 해당하는 바빌론과 수메르 사람들은 끈적끈적한 흙으로 만든 판에 쐐기 모양의 문자를 새겨 정보를 주고받았다. 고대 이집트인들은 점토 대신 나일강 유역에서 흔히 자라는 풀 파피루스를 사용했다. 동양에서는 나무 잎사귀나 대나무 줄기를 썼다. 또 다양한 지역에서 양이나 소의 가죽을 말려 쓰기도 했다.

방금 전 나온 수단들은 완전한 해결책은 아니었다. 점토판은 다량의 정보를 담기에는 여전히 무거웠고 충격을 받으면 쉽게 깨졌다. 파피루스나 대나무 줄기 등은 값은 싸지만 장기간 보존에 문제가 있었다. 예를 들어, 유럽의 기후 아래에서 파피루스의 수명은 채 수십 년에 지나지 않았다. 또 파피루스가 자라지 않는 지역에선 파피루스를 쓰고 싶어도 쓸 방법이 없었다.

동물 가죽은 그중 제일 나은 수단이었다. 파피루스보다 오래 사용이 가능했고 가벼워 휴대도 어렵지 않았다. 말하자면 보존 욕구와 확산 욕구를 동시에 만족시킬 수 있는 대상이었다. 양가죽으로 만든 양피지와 송아지 가죽으로 만든 독피지는 지역에 따른 제약도 크지 않았다. 필요하다면 가죽 표면을 다시 깎아내고 정보를 새로 기입하는 일도 가능했다.

그렇지만 한 가지 결정적인 결함이 동물 가죽의 경우 미해결로 남아 있었다. 바로 경제성이었다. 양피지로 책 한 권을 만들려면 수십 마리 이상의 양을 죽여야 했다. 오늘날 양피지 한 장의 가격이 약 만오천 원인 바 과거에는 지금보다 훨씬 더 비쌌다. 이러한 비용을 감당할 수 있는 사람은 극소수의 권력자나 돈 많은 부자뿐이었다. 즉, 양피지는 정보의 확산을 막는 물리적 제약은 해결했을지 몰라도 경제적 제약은 그대로인 그림의 떡 신세였다.

위의 문제를 해결할 대안이 예전에 아예 없었을까? 그렇지는 않다. 어느 시기에나 엔지니어링을 행하는 사람은 있기 마련이다. 엔지니어링이란 테크놀로지로써 세상의 문제를 해결하는 행위다. 엔지니어링을 행하는 사람이라면 시대별로 무슨 호칭으로 불렸든 간에 누구든 엔지니어다.

위의 문제를 해결하려면 세 가지 성질이 동시에 충족될 필요가 있었다. 첫째, 정보의 오랜 보존이 가능해야 한다. 둘째, 이동과 확산이 쉬워야 한다. 셋째, 많은 사람이 부담 없이 사용할 수 있을 정도로 값이 싸야 한다. 이 말을 들으면 생각나는 게 하나 있다. 바로 디지털 컴퓨터다. 디지털 컴퓨터가 나온 20세기 중반 이후로 정보 테크놀로지가 얼마나 비약적인 발전을 했는지는 두말할 나위가 없다.

그렇다고 해서 디지털 컴퓨터가 세상에 나오기 전에 정보 테크놀로지가 아예 없었다고 이야기할 수는 없다. 테크놀로지는 기본적으로 시행착오를 거치며 누적된 경험과 지식의 집약체다. 그러한 의미에서 이것이 과거에 만들어지지 않았다면 오늘날의 디지털 컴퓨터가 세상의 빛을 볼 수 없었으리라는 말은 결코 무리한 주장이 아니다. 과연 이것은 무엇이었을까?

이것은 바로 종이였다.

디지털 컴퓨터 이전 최고의 기억매체였던 종이

종이는 자연물이 아니다. 식물의 섬유를 원재료로 삼아 특정한 방식으로 가공하고 처리하여 얻는 물건이다. 실제로 국립대학인 강원대에는 제지공학 전공이 있다. 제지공학은 말 그대로 종이를 만드는 공학이다. 학과 이름이 조금 다른 전남대나 경북대의 임산공학과에서도 제지공학을 가르친다. 즉, 종이는 엔지니어링의 산물이다.

역사가들에 의하면, 세계 최초의 종이를 중국인이 만들었음을 부인하기는 어려운 듯하다. 과거에는 서기 121년에 죽은 중국인 채륜을 종이의 발명자로 지목했다. 『후한서』는 "105년 채륜이 나무껍질, 삼베 자락, 닳은 천, 물고기 그물 등을 원료로 하여 종이를 만들었다"라고 설명한다.

근래 들어 채륜이 종이의 진정한 발명자가 아니라는 견해가 새롭게 나타났다. 1986년 감숙성 천수에서 발견된 종이 지도 때문이다. 감숙성은 중국 서북부의 지역으로 진의 진수가 3세기에 쓴 『삼국지』를 빌어 설명하자면 마등과 마초 부자의 근거지였던 서량에 해당한다. 이 종이 지도의 제작 시기는 기원전 179년에서 141년 사이로 추정되고 있다. 채륜보다 최소 200년 더 앞선 시점이다. 2천 년 전의 종이가 아직 남아 있다는 사실은 종이의 보존성이 얼마나 뛰어난지를 증명한다.

그렇다면 중국에서 먼저 생겨난 게 확실시되는 종이를 공학 관점의 한국사를 이야기하는 이 책에서, 그것도 제일 첫 번째 장에서 다루는 이유는 무엇일까? 우리의 모든 과거 업적은 모두 중국 덕분이라는 얘기를 하려는 걸까?

한국을 역사적으로 중국의 일부로 보려는 시각은 실제로 존재한다. 중국은 2002년에 시작된 이른바 '동북공정' 프로젝트를 통해, 현재 중국 영토인 길림성, 요녕성, 흑룡강성, 즉 동북 3성의 과거 역사는 모조리 중국의 역사라는 주장을 펴기 시작했다. 쉽게 말해 한국 역사의 일부인 고조선, 고구려, 발해 등이 그냥 중국의 지방 정권이었다는 식이다. 중국의 국가주석 시진핑은 2017년 4월 도널드 트럼프에게 "원래 한국은 중국의 일부였다"라고 말했다. 우리에게는 모욕일 뿐이다.

먼저 종이를 다루는 이유는 우리가 최초는 아니었지만 누구보다 종이를 잘 만들었기 때문이다. 원래 테크놀로지의 세계에서 최초는 거의 아무런 의미가 없다. 그보다는 이후에 누가 잘하는가가 더 중요하다. 말하자면, 최초보다는 최고가 되는 게 의미 있다.

'그래도 최초가 더 의미 있지 않나?'라고 생각할 독자가 있을 듯싶다. 두 개의 상징적 예로써 설명해보자.

일론 머스크의 테슬라자동차는 요즘 전기자동차로 유명하다. 그러면 테슬라자동차의 전기차가 세계 최초의 전기자동차였을까? 세계 최초의 전기차는 헝가리의 아니오스 예들릭이 1827년에 만들었다. 또 세계 최초로 전기차를 양산한 회사는 1882년에 생긴 영국회사 엘웰-파커다. 현재 헝가리는 전기차 개발과 무관한 신세며, 엘웰-파커는 진즉에 인수돼 사라졌다.

다른 예도 들어보자. 캠은 자신의 회전운동을 다른 부품의 직선운동으로 바꿔주는 기계장치다. 여러 캠을 하나의 축에 장착한 이른바 '캠축'은 가솔린엔진의 핵심 부품이다. 그러한 캠축을 최초로 만든 사람은 누굴까? 놀랍게도 12세기 아랍인 엔지니어 이스마일 알-자자리다. 오늘날 캠축과 가솔린엔진은 아랍의 후예인 이라크, 터키, 시리아와 아무런 관련이 없다.

한국에서 종이가 처음 만들어진 시기에 관해서는 여러 견해가 존재한다. 우리 고유의 종이를 가리키는 '닥종이'라는 말로부터 기원후 2세기로 지목하기도 하고, 백제의 아직기가 『천자문』과 『논어』를 일본에 전했다는 『일본서기』의 기록을 바탕으로 3세기 후반을 꼽기도 한다. 따뜻한 기후의 백제와 신라와는 달리 닥나무가 자라기에 추운 고구려는 삼베의 원료인 마로 종이를 만들기도 했다.

삼국시대 때 만들어진 한국 종이는 이미 중국 종이와 기술적으로 차

별화되었다. 중국 종이가 나무 섬유를 잘게 갈아서 굳히는 데 그쳤다면 한국 종이는 나무를 갈지 않고 긴 섬유 상태로 두들겨 인장 강도를 높이고 또 서로 직교하는 방식으로 겹치고 굳혀서 품질이 뛰어났다.

현재까지 남아 있는 가장 오래된 한국 종이는 1959년 경주 감은사에서 발견된 『범한다라니경』이다. 감은사는 부처의 힘으로 왜구를 격퇴하기를 원했던 김법문의 뜻에 따라 건립이 시작된 절이다. 김법문, 즉 신라 문무왕은 감은사가 완공된 682년보다 1년 전에 죽었다. 따라서 『범한다라니경』이 만들어진 해는 가장 늦으면 682년이다.

1978년에 발견된 국보 196호 『백지묵서 대방광불화엄경』은 약 1.4미터 길이의 두루마리 종이에 먹으로 옮겨 쓴 불교 경전이다. 『대방광불화엄경』은 754년 8월 1일부터 755년 2월 14일 사이에 제작되었다. 흥미롭게

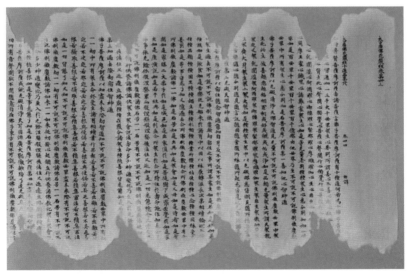

『백지묵서 대방광불화엄경』은 두루마리 종이에 먹으로 옮겨 쓴 불교 경전으로 통일신라의 뛰어난 제지 기술을 보여준다.

도 이 경전에는 누가 해당 종이를 만들었는지가 기록되어 있다. 현재의 전라남도 장성군 진원면에 해당하는 구사진혜현에 살았던 지작인, 즉 제지 엔지니어의 이름은 황진지다. 우리의 선조 엔지니어 이름을 알게 해주는 귀중한 기록이다.

고려의 종이 제작 테크놀로지는 삼국시대보다 한층 진보했다. 당시 쓰여진 『사분율』에는 책 한 권을 만들 때 약 15종류의 종이가 사용되었다는 기록이 나온다. 이로부터 용도에 따라 달리 쓸 수 있는 다양한 종이가 개발되었음을 알 수 있다.

또한, 고려에서 생산된 이른바 '견지' 혹은 '고려지'는 최고의 종이 제품으로 송에서 대단한 인기를 누렸다. 고려지의 품질을 칭찬하는, 현재까지 전해지는 중국의 문헌이 한둘이 아니었다. 즉, 고려지는 국내에서 널리 사용되었을 뿐 아니라 해외에서도 많이 찾는 효자 수출품이었다.

예를 들어, 1103년 송의 손목은 『계림유사』에서 "고려의 닥종이인 백추지는 빛이 희고 윤이 나서 사랑스러울 정도"라고 썼다. 1135년에 사망한 송의 한구가 쓴 『능양집』에는 "왕경이 나에게 선물로 준 삼한지라는 종이는 비계를 끊어 놓은 듯 반질반질한 빛이 책상에까지 비친다"라는 구절이 나온다. 또 1242년 남송의 조희곡은 『동천청록집』을 통해 "고려지는 면견으로 만들었는데 빛은 비단처럼 희고 질기기는 명주와 같아서 먹을 잘 받으니 (중략) 이는 중국에 없는 것으로 역시 기이한 물품이다"라고 평했다.

조선 시대 들어 우리의 제지 테크놀로지는 부침을 겪었다. 중국에서 최고로 치던 고려 종이의 명성은 점차 약해지고 임진왜란 이후에는 제지술 자체가 퇴보하는 지경에 이르렀다. 중국의 속국을 자처하고 유교의 관념론에 빠져 실용적 엔지니어링을 천시한 탓이다.

일례로, 조선이 시작된 지 21년째인 『태종실록』 1412년 1월 17일 자는 "숙주 사람 신득재를 부르라고 명하였다. 신득재가 종이를 잘 만들어서 중국의 종이 모양과 거의 같았던 까닭에 부른 것이다. 넉넉하게 의식을 내려 주고 사람을 시켜 전습하게 하였다"라고 기록되어 있다. 숙주는 현재의 평안남도 평원군이다. 『성종실록』 1475년 1월 19일 자에도 종이 장인 박비를 북경에 보내 종이 제조법을 배워오게 한 내용이 상세히 기술되어 있다. 우리 고유의 종이는 배제하고 중국 종이를 닮으려는 조선 왕조의 일그러진 모습으로도 읽히는 대목이다.

반면, 『명종실록』 1546년 11월 9일 자는 명 세종이 조선의 종이를 쓰고 싶어하니 빨리 보내라는 명의 요구를 보고하는 내용이다. 『비변사등록』 1650년 음력 12월 9일 자에는 7년 전 청 태종이 죽었을 때 백면지 66,016권, 후백지 20,984권 등 도합 87,000권을 요구받아 경상도, 전라도, 충청도가 피폐해진 이야기도 나온다. 조선 종이의 인기가 명과 청에서 여전했다는 증거임과 동시에 외국의 무리한 요구를 거부할 국력을 갖추지 못하면 인기가 오히려 해가 될 수도 있다는 역사의 교훈이다.

세계 최초의 목판활자본과 금속활자본은 모두 고려의 업적

지금까지 종이를 얘기했지만 사실 종이만으로 정보가 보존되고 확산되지는 않는다. 엄밀히 말해 종이는 정보를 담을 수 있는 매체일 뿐이다. 정보는 종이에 쓰여진 기호로 구성된다. 말하자면 종이 자체는 사용되기 전의 비어 있는 컴퓨터 메모리와 같다.

종이에 정보를 기록하는 한 가지 방법은 요즘도 사용되는 익숙한 방식이다. 바로 필기다. 즉, 진한 색이 묻어나는 목탄이나 먹물, 잉크 등을 쓰는 필기구를 이용해 손으로 정보를 기입하는 경우다.

붓이나 펜으로써 정보를 종이에 기록함은 장점이 많은 만큼 오히려 확산에서 아쉬움을 느끼기 쉬웠다. 가령, 열 명의 사람에게 똑같은 내용의 편지를 보낸다고 할 때 종이에 필기하면 다음 둘 중 하나다. 한 명이 열 번을 반복해서 쓰든가 혹은 열 명이 동원돼 각각 한 번씩 쓰든가다. 전자는 시간이 열 배 걸리고, 후자는 사람이 열 배 든다. 어느 쪽이든 만족스럽지 못함은 설명이 따로 필요하지 않다.

정보를 손으로 쓰지 말고 활자를 만들어 찍으면 한 장만 만들 때는 괜한 수고지만 여러 장을 복제하기는 훨씬 유리하다. 활자를 깎고 배열하는 데 시간이 드나 일단 조판이 준비되고 나면 추가로 한 장씩 찍어내는 데 걸리는 시간과 노력이 대폭 감소하기 때문이다. 활자를 이용한 정보 복제 방법, 즉 이른바 '인쇄술'의 개발은 인류 문명 진보의 주춧돌이었다.

인쇄는 아시아에서 시작된, 아시아인의 산물이다. 그중에서도 과거 한국의 역할은 독보적이었다. 삼국시대부터 고려 때까지 고대 한국이 중국에서 인정할 수준 높은 종이를 제조했다면 같은 시기 한국의 인쇄 테크놀로지는 오히려 중국을 능가했다.

위를 입증할 구체적 사례 하나를 들자. 우연이 도와주지 않았다면 그대로 묻혀 있었을 역사적 사실이 우연한 일로 세상에 드러나게 된 경우다.

1966년 경주 불국사의 '석가여래상주설법탑', 통칭 석가탑을 도굴하려는 시도가 있었다. 도굴꾼들은 석가탑 내부의 사리함을 노렸지만 장비가 부실했던 탓에 탑만 망가트리고 도굴에 실패했다. 석가탑의 붕괴를 막기

석가탑 안에서 발견된 『무구정광대다라니경』은 세계에서 가장 오래된 목판인쇄물로 평가받고 있다.

위해 정부는 긴급 보수공사를 실시했지만 어이없게도 공사에 사용된 도르래가 무너지는 사고가 발생했다. 탑의 일부가 떨어져 나가면서 결과적으로 탑 안에 숨겨져 있던 두루마리가 발견되었다.

석가탑 안에서 발견된 두루마리는 높이는 약 8센티미터, 길이는 약 6미터에 달하는 종이였다. 종이에 새겨진 내용은 무주, 일명 측천무후가 당 역사상 유일한 여왕이었던 704년에 산스크리트어에서 한자로 번역된 다라니경전이었다. 놀랍게도 해당 경전은 붓으로 쓴 게 아니라 목판으로 인쇄된 결과물이었다. 『무구정광대다라니경』이라는 이름으로 불리는 목판인쇄 두루마리 종이는 현재 국보 126-6호다.

『무구정광대다라니경』이 제작된 시기를 처음에는 751년으로 추정하였다. 석가탑과 다보탑 등을 새로 지으면서 불국사를 확장해 건립한 때가 751년이기 때문이다. 『무구정광대다라니경』이 발견될 때 같이 나온, 11세기 초에 제작된 『묵서지편』이 2007년 최종 판독되면서 경전의 제작 연대는 742년으로 9년 더 거슬러 올라가게 되었다. 또 해당 경전에 무주가

1377년 간행된 『백운화상초록불조직지심체요절』은 현존하는 가장 오래된 금속활자본으로 유네스코 세계기록유산에 등재되어 있다.

여왕이던 시절에만 쓰인 한자가 여럿 나오는 걸로 미루어보건대 704년까지 거슬러 올라갈 여지도 있다.

1966년 기준으로 『무구정광대다라니경』은 비공식이긴 하지만 세계에서 가장 오래된 목판 인쇄물이라는 평가를 받았다. 그때까지 알려진 가장 오래된 목판 인쇄물은 일본에서 발견된 『백만탑다라니경』으로 추정 간행연도가 770년이었다. 인쇄술의 종주국임을 자부하는 중국으로서는 인정하고 싶지 않은 거북한 결과였다.

중국은 그 후 8년 뒤인 1974년 시안에서 발굴된 산스크리트어 다라니경의 간행연도를 650년에서 670년 사이로 추정하고 있다. 이는 국제적으로 공인된 사항이기보다는 중국 측의 견해다. 중국과학원의 판지싱 같은 이는 『무구정광대다라니경』이 신라가 만든 게 아니라 당에서 만들어 보내준 거라는 말도 서슴지 않는다. 한국이 중국의 일부였다는 억지와 다르지 않은 주장이다. 이는 『무구정광대다라니경』의 종이가 신라 방식의 닥종이임이 확인되었기에 성립할 수 없다.

현존하는 가장 오래된 목판 인쇄물이 어느 나라의 유물이냐는 논란의 여지가 있으나 금속활자 인쇄물에 관해서는 논란이 없다. 고려가 금속활자를 개발해 사용한 최초의 국가라는 사실은 전 세계가 인정하는 바다.

일례로, 현존하는 가장 오래된 금속활자본은 고려 때인 1377년에 간행된 『백운화상초록불조직지심체요절』로서 2001년 유네스코 세계기록유산에 등재되었다. 승려 백운화상의 글을 제자들이 인쇄한 『직지심체요절』은 요하네스 구텐베르크가 유럽 최초로 성경을 금속활자로 인쇄한 1455년경보다 70여 년 앞선다. 어이없게도 『직지심체요절』

구텐베르크는 1455년 유럽 최초로 성경을 금속활자로 인쇄하였다.

은 19세기 말 혼란기에 프랑스인이 가져가 아직까지도 프랑스국립도서관에 보관되어 있다.

고려에서 금속활자로 인쇄된 최초의 책이 『직지심체요절』은 아니다. 1241년에 죽은 이규보가 엮은 『동국이상국집』에는 주물로 만든 금속활자로 12세기 책인 『상정예문』을 28부 인쇄했다는 기록이 있다. 당시 인쇄된 『상정예문』은 현재에 전해지지는 않는다.

또 1239년 최이가 강화도에서 인쇄하게 한 『남명천화상송증도가』가 금속활자본이라는 설득력 있는 주장이 최근에 제기되었다. 『남명천화상송증도가』는 현존하는 판본이 두 가지인데 그중 하나인 일명 『공인본』이 목판본인 『삼성본』과는 달리 금속활자로 인쇄했을 때만 나타나는 특징들이 현저하다는 주장이다. 이게 사실로 인정된다면 『직지심체요절』을 138년 앞서는 결과다. 당시 휴전 중이기는 했지만 1231년 몽골의 침공으로 시작된 전쟁이 완전히 끝난 게 아니었음을 감안하면 더욱 놀라운 결과다.

소수의 사람만 누리는 대상은 진짜 테크놀로지가 아니다

테크놀로지의 가치는 사실 세계 최초에 있지 않다. 남보다 앞섰다는 점도 본질은 아니다. 테크놀로지의 진면모는 많은 사람의 삶을 이롭게 한다는 데 있다. 여기서 중요한 부분은 "많은" 사람이라는 점이다. 소수의 귀족이나 부자만 누리는 테크는 그들의 장난감에 지나지 않는다.

한국 역사에서 소수의 장난감으로 그친 테크놀로지의 예로 자명종을 들 수 있다. 복잡한 기계장치가 내장된 자명종은 정해진 시간에 자동으로 소리를 내는 시계다. 자명종은 17세기 초반에 한국에 처음 들어왔다. 『인조실록』 1631년 7월 12일 자에 의하면 명의 수도를 방문한 정두원이 망원경, 서양식 대포, 자명종 등을 갖고 돌아왔다는 기록이 나온다. 당시 김육은 『잠곡필담』에서 "서양사람이 만든 자명종을 정두원이 북경에서 가져왔으나 그 운용의 묘를 몰랐고 그 시각이 상합됨을 알지 못하였다"라고 썼다. 또 1636년에 김육 본인이 명에 가서 자명종을 직접 살펴보았으나 원리를 알 수 없었다고도 했다.

한국에서 자명종이 최초로 만들어진 때는 1669년이다. 『현종실록』 1669년 10월 14일 자는 송이영이 자명종을 만들었다고 설명한다. 또 『숙종실록』 1715년 4월 18일 자에는 청의 수도 연경에 가서 허원이 서양사람에게 받아온 자명종을 모양을 본떠 만들었다는 기록이 등장한다. 이후 자명종을 잘 만드는 엔지니어로 유흥발, 최재륜, 최천약, 나경적, 강신 등이 역사에 발자취를 남겼다.

자명종을 직접 제작한 일은 성취긴 하나 근본적인 한계가 있었다. 자명종은 극소수의 사대부만 누리던 그저 진기한 물건이었다. 17세기 중반 서울의 평범한 집 한 채 값이 당시 돈으로 마흔 냥 정도였다. 반면, 자명종을 사려면 1.5배에 해당하는 약 예순 냥의 돈이 들었다. 또 19세기 중반 남병철은 『의기집설』에서 조선 전체를 다 합쳐 수십 개에서 수백 개 사이의 자명종이 있다고 썼다. 당시 조선 인구가 약 천육백만 명 정도로 추산되니 자명종의 보유가 얼마나 큰 특권이었는지 짐작 가능하다.

누구보다도 앞섰던 한국의 인쇄술은 조선이 들어서면서 제지 엔지니어링과 비슷한 길을 걸었다. 조선 초기 이성계의 아들과 손자인 이방원과 이도가 왕이던 시절, 즉 태종과 세종 때에는 더 좋은 금속활자를 개발하려는 노력도 있었지만 길지 않았다.

이후 스스로를 조선의 백성이기보다는 천자인 명의 신하이자 성리학의 수호자로 자부한 조선의 양반 사대부는 필요하다면 왕도 갈아치우면서 자신들만의 무릉도원을 꿈꾸었다. 대다수 조선인이 등 따습고 배부른 낙원은 결코 아니었다. 중국에서 직업의 종류를 나열한 결과에 지나지 않았던 사농공상은 조선에 들어와선 넘어설 수 없는 신분과 지위의 우열을 규정하는 계급표로 변질되었다.

즉, 조선에서 인쇄된 책은 왕실과 사대부만을 위해 존재했다. 왕조의 정통성을 사대부의 시각으로 기술한 실록만 인쇄해 서울, 성주, 충주, 전주의 네 곳 창고에 둘 뿐이었다. 임진왜란 때 전주를 제외하고 모조리 불타자 이후 서울과 태백산, 정족산, 적상산, 오대산에 새로 창고를 지었다. 정보의 확산에는 관심이 없고 오직 보존만을 중요하게 여겼다는 증거다.

그러한 구체적 사례가 다음에 나올 조보에 얽힌 사건이다. 조보는 조정의 소식이라는 뜻으로 『중종실록』 1520년 3월 26일 자에 조보를 시작

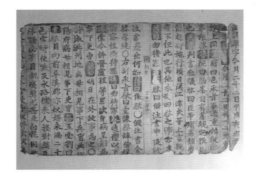

'조정의 소식'을 뜻하는 조보는 일반 백성에게 왕조의 결정이나 공지사항, 그리고 성리학 관념을 주입하기 위한 내용을 담고 있었다.

하게 된 계기가 나온다. 일반 백성들은 조보를 기별 혹은 기별지라는 이름으로 불렀다. 조선 말기까지 계속된 조보는 1895년 관보로 이름이 바뀌었다. 조보는 왕조의 결정이나 공지사항은 물론이고 성리학 관념을 관과 민에게 주입하기 위한 내용도 담고 있었다. 이는 인쇄하지 않고 이른바 기별서리들이 보고 베껴 쓰는 방식으로 배포되었다.

『선조실록』 1577년 11월 28일 자에는 이연, 즉 선조가 어떤 이유로 조보를 인쇄하게 허락했는지를 의정부에게 묻는 장면이 나온다. 이에 의정부는 "지난 8월에 어떤 사람이 여러 사람과 함께 정식으로 요청하기에 '그대들 마음대로 하라' 하였습니다"라고 대답하였다. 선조는 "기별은 일시 보기만 하면 되는 것인데 감히 인쇄하였으니 매우 놀라운 일이다. 끝까지 추문하여 죄를 다스려야 한다. 조보를 인쇄하기 위해 새긴 활자는 모두 몰수하고 인쇄한 사람들은 의금부가 신문하라"라고 했다.

선조의 지시에 놀란 사헌부와 사간원 양사는 먼저 의례적인 제스처를 취했다. 조보를 인쇄해도 무방하다는 자신들의 판단이 잘못됐으니 자신들을 해임해 달라는 요청이었다. 선조는 그러지 않아도 된다고 답했다. 그러자 곧바로 사헌부는 본심을 다음처럼 꺼냈다.

조보를 인쇄한 사람들은 특별히 고의로 범법한 것이 아니고 이익을 얻

고자 도모한 것에 불과합니다. 중국에서는 통보를 인쇄하여 유통시켜도 금하지 않기 때문에 우리나라의 사대부들도 간혹 무방하다고 여기는 사람이 있습니다. 이는 제 마음대로 옳지 못한 예를 만든 것이 아닌데 의금부의 감옥에 가두라고 명한 것은 너무 과중하니 거두십시오.

다시 고려해 달라는 사헌부의 요청은 소용이 없었다. 선조는 더욱 역정을 내고는 30여 명을 잡아 가두고 고문한 뒤 귀양 보내라고 명했다.

사건은 이대로 끝이 아니었다. 1578년 1월 15일 사간원은 "이익을 꾀하여 생계를 도우려고 한 것에 지나지 않는다"며 형벌의 중지를 다시 요청했다. 선조는 너희도 의금부의 감옥에 갇히고 싶으면 계속 얘기해보라며 분노했다. 이로써 결국 사간원과 사헌부는 해직되었다. 함부로 인쇄된 조보는 국가기밀의 누설이라는 이유였다.

선조에게 인쇄된 정보란 개, 돼지에게 어울리지 않는 진주 목걸이었다.

2
해상무역의 메이드 인 코리아를 대표했던
요업 엔지니어링

무역에 능한 해상국가는 언제나 남다른 테크놀로지를 가졌다

세계 역사를 돌이켜 보면 전쟁을 일으켜 광대한 영토를 차지한 국가가 있었다. 통상 이들을 가리켜 제국이라고 부른다. 예를 들어, 바빌로니아, 아시리아, 페르시아, 로마, 몽골, 오스만투르크 등이 제국의 예다. 19세기 중반부터 태평양전쟁에서 패망할 때까지 일본도 스스로를 대일본제국이라고 칭했다.

제국의 힘은 대개 강력한 육군에서 비롯되었다. 아시리아는 철제 무기로 무장한 전거와 기병으로, 로마는 밀집방진을 무너트릴 수 있는 잘 훈련된 레기온으로, 몽골은 심리전과 기동전에 능한 경궁기병으로 세계를 정복했다. 바꿔 말하면, 제국의 육군이 더 이상 특별히 강하지 않은 때가 오면 제국은 힘을 잃고 소멸되었다. 군대만이 제국을 지탱하는 기둥은 아니겠지만 무력 없이 제국이 유지되기란 불가능했다.

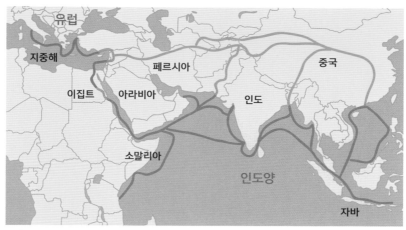

육상 실크로드와 해상 실크로드

한편, 육지가 아닌 바다를 지배한 해상의 강자도 역사상 존재해왔다. 이들의 힘은 넓은 영토에서 나오지 않았다. 그보다는 물건을 실은 배가 드나들 수 있는 항구와 항구들을 연결하는 바닷길이 중요했다.

물건을 수송하는 효율이란 면으로 육지는 결코 바다의 적수가 될 수 없었다. 말이나 소 같은 가축이 끄는 수레는 소량의 짐을 가까운 거리에 운반하는 게 전부였다. 그에 비해 바다나 강을 항해하는 배는 많은 양의 짐을 한 번에 먼 거리까지 옮길 수 있었다. 배가 가장 효율 높은 수송 수단이라는 점은 내연기관이 발명되고 비행기가 하늘을 날아다니는 지금도 마찬가지다.

일례로, 고대 중국과 중앙아시아 및 아랍 사이의 교역로로 알려진 실크로드, 즉 비단길은 그 유명세에 비해 교역량은 사실 미미했다. 실제로 다량의 물품은 남중국해와 인도양, 아랍해를 연결하는 일명 해상 실크로드를 따라 운송되었다. 몽골인의 제국 원을 13세기에 다녀온 베네치아인 마르코 폴로도 집으로 돌아올 때는 해상 실크로드로 귀환했다.

그런 면에서 해상국가의 시각은 육상제국과는 사뭇 달랐다. 그들에게 바다의 넓이는 제국이 지배하는 영토의 넓이와는 달리 큰 의미가 없었다. 해상국가의 힘은 자신이 지배하는 바다에서 나는 물고기의 양에 있지 않았다. 그들의 힘은 주변국과 대규모 교역을 하며 축적한 경제적 부에 있었다.

해상무역은 제국이 속국에게 부과하는 조공이나 세금과는 성격을 달리했다. 조공과 세금은 기본적으로 무력에 의한 일방적인 의무 부과였다. 반면, 상거래는 본질이 상호 간의 자발적인 이익 도모였다. 교역은 서로 간에 맞바꿀 만한 자원이나 물품이 있는 경우 이뤄지는 행위였다. 즉, 해상국가는 주변국과 지배와 종속의 관계보다는 대등한 파트너십을 형성했다.

해상국가의 대표적인 예로는 페니키아와 베네치아를 들 만하다. 페니키아인은 기원전 12세기부터 기원전 2세기까지 소아시아에서 북아프리카, 그리고 스페인에 이르는 세력을 형성했다. 9세기에 공화국이 된 베네치아는 16세기까지 아드리아해와 이오니아해의 여러 섬과 항구를 발판으로 전성기를 구가했다.

위 두 해상국가는 지중해에 위치했다는 공통점이 있다. 근세 이전까지 항해술의 한계로 대양 항해는 불가능한 일이었다. 크고 작은 섬이 많고 연안을 따라 다양한 문명의 도시가 줄지어 있는 지중해는 해상국가가 성장하기에 좋은 최적의 환경임에 틀림이 없었다.

통상 페니키아나 베네치아가 강력한 힘과 막대한 부를 얻을 수 있었던

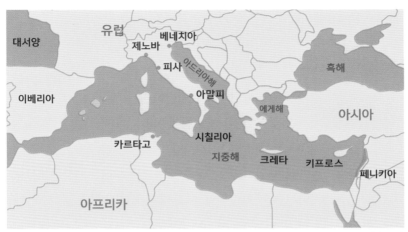

지중해는 페니키아와 베네치아 같은 해상국가가 성장하는 데 최적의 환경을 제공하였다(이 지도에서는 내용의 이해를 돕기 위해 역사적으로 다른 시기에 존재했던 지명을 동시에 표기하였다).

이유로 중계무역을 든다. 중계무역은 자신이 직접 생산한 물품이 아니고 남이 만든 물품을 사와 그대로 또 다른 남에게 되파는 형태다. 아랍과 유럽 사이에 위치한 두 나라는 물품이 오가는 길목에 있었기 때문에 번창했다는 설명이다.

방금 전 설명은 얼핏 생각하면 그럴듯하지만 조금 더 깊게 생각해보면 한계가 드러난다. 비슷한 길목에 자리 잡은, 즉 지중해에 면한 국가 모두가 페니키아나 베네치아 같은 해상국가로 성장하지는 않았다. 고대 그리스의 여러 도시국가가 그렇고 이집트도 그러한 예에 해당한다. 중세를 봐도 비잔티움이나 일련의 이탈리아 도시국가가 베네치아보다 지리상 불리한 입장은 아니었다.

그렇다면 무엇이 차이를 만들었을까? 결정적인 차이는 다름 아닌 남다른 테크놀로지의 보유 유무였다. 흥미롭게도 남다른 테크놀로지는 자원의 풍요보다는 결여에서 비롯되는 경향이 있었다.

고대로부터 일차적인 교역의 대상은 곡물이나 가축, 목재, 광물 등이었다. 이들 모두는 기본적으로 원자재였다. 원자재는 품질에 작은 차이가 있을지언정 근본적인 차이가 있기 어려운 대상이었다. 즉, 원자재는 범용재였다. 원자재가 풍부한 국가는 원래부터 여러모로 풍족하기에 굳이 새로운 테크놀로지를 개발할 필요는 덜 느끼게 마련이다.

페니키아는 변변한 자원이 없는 국가였다. 굳이 하나 있다면 삼나무 정도였다. 페니키아인들은 자신들의 부족함을 채울 테크놀로지 개발에 힘을 쏟았다. 지금 기준으로 보면 하찮아 보여도 당시 페니키아가 만든 물건들은 다른 곳에서 쉽게 볼 수 없는 제품들이었다. 특히 술병이나 구슬 등의 페니키아산 유리 제품은 명성이 드높았다. 또 금속 세공품과 상아 등으로 만든 장식품도 인기가 많았다.

페니키아인이 세운 국가 중에는 카르타고도 있다. 기원전 2세기 그리스인 폴리비우스는 카르타고를 가리켜 "전 세계에서 가장 부유한 도시국가"라고 칭했다. 지중해의 해상무역을 지배했던 카르타고는 기원전 3세기 이탈리아반도의 정복을 끝낸 로마의 도전을 받아 한니발의 분전에도 불구하고 세 차례 전쟁 끝에 멸망되었다. 카르타고도 섬유 제품을 비롯해 각종 금속무기의 대량생산 능력으로 유명했다.

베네치아는 페니키아보다도 더 열악한 입장이었다. 자원은 고사하고 살기에 부적합한 작은 섬과 갯벌이 전부였다. 주변의 난민이 계속 유입되며 인구가 늘자 어쩔 수 없이 바다를 간척해 살 땅을 확보해야 했다. 이민족의 침입을 피해 도망 온 신세였던 베네치아인들은 그렇다고 바다를 완전히 메꿀 수도 없었다. 이들은 바다 위에 나무로 기둥을 박고 그 위에

건물을 짓는 방식으로 도시를 건설해
나갔다.

베네치아가 중세 지중해의 교역을
좌지우지한 원인으로 베네치아해군의
막강한 함대를 지목하는 경우가 많다.
이는 하나만 알고 둘은 모르는 설명이
기 쉽다. 당시 이탈리아에는 베네치아
를 포함해 제노바, 피사, 아말피의 이
른바 4대 해양도시공화국이 있었다.
함대의 실력이란 면으로 제노바나 피
사 혹은 아말피가 베네치아에 결코 뒤
떨어지지 않았다.

베네치아 무라노섬에서 장인들의 손에 의해
만들어진 유리 제품은 최고의 제품으로 인정
받았다.

베네치아의 가장 큰 차이점은 산업
화된 테크놀로지를 개발했다는 점이었다. 아무것도 가진 게 없었던 베네
치아인들은 체계적으로 베네치아 바로 앞의 무라노섬에 유리 장인들을
불러 모았다. 형형색색의 모양과 빛깔을 자랑하는 샹들리에와 거울, 식
기, 크리스털 장식품 등의 무라노산 유리 제품은 다른 국가에서 쉽게 따
라 할 수 없는 최고의 제품으로 대접받았다.

반면, 나머지 국가들은 자체적으로 만드는 물품이 없거나 혹은 있다
하더라도 변변치 않았다. 그나마 제노바는 청바지에 사용되는 소재인 데
님을 최초로 만들어 팔았고 레이스도 약간의 명성이 있었으나 부가가치
가 크지 않았다. 피사나 아말피는 특별한 산업 없이 오직 함대와 상선대
만 가진 국가였다.

고대와 중세 한국은 동아시아의 실크로드를 장악한 해륙국가

한국사를 바라보는 시각에는 크게 두 가지가 있을 수 있다. 하나는 현재의 한국을 기준점으로 삼는 시각이다. 헌법 3조는 "대한민국의 영토는 한반도와 그 부속도서로 한다"라고 되어 있다. 실효성 있게 지배하기로는 휴전선 이남이다. 어떻든 한반도 내에 영토가 있었던 고구려, 백제, 신라와 그 뒤를 이은 고려, 조선만이 한국사의 범주에 속한다는 생각이다.

알고 보면, 한반도를 기준으로 한국의 역사를 규정하는 관점은 과거 일본제국의 관점이나 현재 동북공정을 추진하는 중국의 관점과 전혀 다르지 않다. 그것은 곧 조선의 관점이기도 했다. '본기'는 중국의 천자만이 쓸 수 있는 말이기에 '세가'라는 말로 고려 왕조의 급을 낮추고 "이후 요를 버리고 당을 섬김으로써 중국을 존중하며 동쪽 땅을 지킬 수 있었습니다"라며 소중화사상을 서문부터 드러낸 『고려사』는 물론이거니와, 고려 때 쓰였지만 유학의 세계관으로 서술된 김부식의 『삼국사기』도 그 연장선에 있었다.

한국의 고대 역사를 서술한 책은 사실 조선 시대까지도 다양하게 전해졌지만 조선 왕조의 입맛에 맞았던 『삼국사기』 외의 다른 책들은 대부분 멸실되었다. 일례로, 『세종실록 지리지』와 『단종실록』에는 단군신화를 인용한 『단군고기』, 그리고 『고기』라는 책을 언급하는 기록이 나온다. 즉, 지금은 전해지지 않는 『단군고기』라는 책이 조선 전기까지는 전해졌다는 증거다.

조선 왕조와 사대부가 예전부터 전해져 온 책을 체계적으로 말살했다는 사실은 『조선왕조실록』을 통해서도 확인할 수 있다. 일례로, 『세조실록』1457년 5월 26일 자는 "『고조선비사』, 『대변설』, 『조대기』, 『주남일사기』, 『지공기』, (중략) 등의 문서는 마땅히 사처에 간직해서는 안 되니, 만약 간직한 사람이 있으면 진상하도록 허가하고 (후략)"라고 쓰고 있다.

또 『예조실록』1469년 9월 18일 자는 "『주남일사기』, 『지공기』, 『표훈천사』 (중략) 서적들을 집에 간수하고 있는 자는 (중략) 고을에 바치라. 바친 자는 2품계를 높여 주되, (중략) 숨긴 자는 참형에 처한다"라고 전한다. 12년 전 세조실록에 있던 『고조선비사』와 『대변설』이 언급되지 않은 이유는 이미 많이 압수했기 때문일 터다. 진시황의 분서갱유만 분개할 일이 아니다.

한국사를 바라보는 또 다른 시각은 역사상 한국을 기준점으로 삼는 경우다. 조선이 남긴 기록만이 유일하다 지레짐작하지 말고 과거 우리 선조의 삶과 생각에 보다 가까이 가려는 시각이다. 고려인이 계승하려 했던 고구려인의 삶에 다가가고, 고구려인이 국시로 여겼던 고조선 복원의 꿈에서 뿌리를 찾으려는 생각이다.

고조선은 기원전 2333년에 건국되었다. 고대 중국 문헌에서 조선은 고대 한국을 지칭하는 대표적인 국명이었다. 조선의 영토는 중국 문헌과 유물의 출토 등으로 추정할 수 있는 바, 요하 주변과 만주 일대 및 한반도 북쪽에 해당한다. 동아시아의 지배국이었던 조선은 고대 중국의 여러 국가와 싸우기도 하고 교역하기도 하며 문명을 발전시켰다. 예를 들어, 기원전 7세기 제의 관중이 쓴 『관자』에는 조선과 제가 서로 교역한 내용이 나온다.

이러한 옛 조선을 일컬어 고조선이라고 칭한 최초의 책은 『삼국유사』다. 『삼국유사』가 단군이 세운 조선을 고조선이라고 칭한 이유는 이성계

부여

예맥

고조선

주

진

고조선 지도

의 조선 때문은 아니다. 시기적으로도 13세기 사람인 일연이 1335년에 태어날 이 성계를 알 방법은 없었다. 『삼국유사』는 위만의 세력이 기원전 194년 반란을 일으켜 단군의 후손인 준왕을 쫓아냈을 때부터 기원전 108년 한의 공격을 받아 멸망될 때까지를 따로 위만조선이라고 불렀다. 즉, 『삼국유사』의 고조선은 위만조선과 구별하기 위한 명칭이었다.

고조선의 소멸을 전후하여 옛 고조선 땅에 여러 나라가 생겨났다. 기원전 3세기에 단군조선의 일파가 송화강 일대를 중심으로 세운 부여를 비롯하여 예, 맥, 옥저, 읍루 등이 그 예다. 또 위만에게 나라를 뺏긴 준왕이 바다를 건너 남쪽으로 내려가 세웠다는 마한, 위만조선의 유민이 남하해 형성한 진한, 낙동강 서쪽에 자리 잡은 변한 등도 나타났다. 기원전 1세기 중후반에는 부여족인 고주몽이 고구려를 세우고, 고주몽의 아들인 고비류와 고온조가 백제를 세우고, 알에서 태어났다는 신화를 가진 박혁거세가 신라를 세웠다.

다소 길게 느껴질 수 있을 정도로 고대 한국을 자세히 이야기한 이유가 있다. 고조선, 부여, 예, 맥, 옥저, 읍루, 삼한이 어디에 위치했는지를 동아시아 전체 지도에서 확인해보기를 바라는 마음 때문이었다. 확인해

보면 한반도 이상으로 만주, 간도, 연해주의 넓은 땅이 고대 한국의 활동무대였음을 깨닫게 된다.

더욱 중요하게는 서쪽의 발해와 황해, 그리고 동쪽의 동해가 고대 한국과 주변국을 바닷길로 연결시켜 주고 있다는 점이다. 발해, 즉 보하이는 요동반도와 산동반도로 둘러싸인 바다다. 평양성이 함락된 지 30년 후인 698년 고구려 후계를 자처하며 대조영이 세운 국가 발해는 바로 바다 발해에서 이름을 따왔다. 국가 발해가 바다 발해를 지배하지 않았다면 성립될 수 없는 일이다.

고구려를 예로 들어 바다의 중요성을 설명해보자. 고구려가 건국 초기부터 옛 고조선의 영토를 회복하고 중국 여러 나라와 대등한 입장에 서려 했음은 역사적으로 잘 알려져 있다. 고구려는 한이 위만조선을 멸망시킨 후 설치한 4군과 끊임없이 전쟁을 벌여 멸망시켰고, 같은 뿌리를 가진 부여, 옥저, 동예를 흡수했다.

통상 고구려를 기병이 강한 전형적인 북방기마국가로 이해하는 경우가 많다. 고구려에 그런 측면이 있었음은 사실이나 그게 전부는 아니었다. 탄탄한 농업 기반도 갖고 있었거니와 그 이상으로 해상활동을 중요시했다.

구체적인 사례를 들어보자. 중국의 위, 촉, 오가 서로 대립하던 3세기에 고구려는 위와 국경을 맞대고 있었다. 오의 손권은 조조가 죽은 후 위를 지배하던 조조의 손자 조예를 견제하기 위해 고구려와 관계 맺기를 희망했다.

233년 고교체, 즉 고구려 동천왕은 담비가죽 천 장과 꿩 가죽 열 장을 자국 선대를 통해 오에 보냈다. 다음 해인 234년 손권도 바닷길로 비

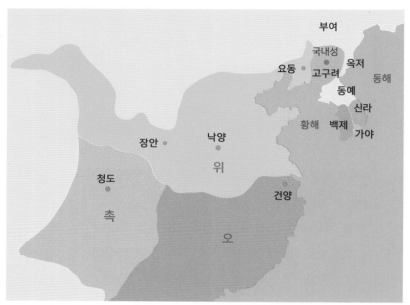

위, 촉, 오가 대립하던 시기의 중국과 한반도 정세

단옷, 보물, 세공품을 고구려에 보냈다. 고구려는 답례로 수백 필의 말을 오에게 주려고 했다. 당황스럽게도 오의 배와 선대가 충분히 크지 않아 고구려가 준 말을 다 실을 수가 없어 80필만 싣고 돌아갔다. 진수가 쓴 『삼국지』에 나오는 이야기다.

 고구려에게 해상활동은 교역과 전략적인 등거리 외교 관점에서 허투루 할 수 없는 행위였다. 『삼국사기』에는 504년 장수왕의 손자인 고나운, 즉 문자왕이 보낸 사신이 선비족 국가인 북위에게 "진주는 탐라에서 생산됐는데, 백제가 탐라를 점령해서 진주는 보내지 못한다"라고 전하는 부분이 나온다. 선비족은 몽골인을 일컫는 옛 표현이다. 실제로 498년 백제가 침공하려고 하자 탐라가 백제에 항복했다. 즉, 그 전까지는 고구려의 상선이 제주도를 드나들었다는 얘기다.

이런 일도 있다. 심약이 쓴 『송서』에 의하면 439년 중국 남조에 속하는 송이 북위를 막기 위해 말을 보내달라고 고구려에게 간청했다. 장수왕은 말 800필을 흔쾌히 자국 선대에 실어 보냈다. 12세기 바이킹이 자신들의 배 한 척에 실을 수 있는 말이 최대 두 마리였음을 감안하면 당시 고구려 선대의 규모를 가늠할 수 있다.

백제가 고구려 못지않게 활발한 해상활동을 했으리란 점은 헤아리기 어렵지 않다. 상징적인 예로 537년 남조 양의 소자현이 펴낸 『남제서』에는 488년과 490년 두 차례에 걸쳐 북위가 산동반도의 백제 영토를 공격했지만 패배했다고 기록되어 있다. 남제는 남조의 국가 중 하나인 제를 의미한다. 488년의 백제 승리는 『삼국사기』에도 쓰여 있다.

또 6세기 초 남조 양의 원제 소역이 쓰고 그린 『양직공도』에 따르면 동진 말기인 5세기 초 백제는 요서 진평현을 차지했다. 요서는 요하 서쪽을 뜻하니 지금의 산서성에 해당한다. 동일한 내용이 각각 487년과 629년에 편찬된 중국 정사 문헌 『송서』와 『양서』 등에도 기록되어 있다. 백제가 바다를 주 무대로 하여 황해와 발해의 서안, 동안에 나란히 근거한 국가였다는 증거다.

해상세력으로서 신라를 상징하는 인물로 장보고가 잘 알려져 있다. 8세기 후반 완도에서 태어난 것으로 추정되는 장보고는 신라 골품제의 제약이 없는 당의 군대에 들어가 경력을 쌓았다. 장보고는 고구려 유민 이회옥이 765년 산동반도에 세운 국가 제를 819년에 멸망시키는 데 일조했다.

828년 신라로 돌아온 장보고는 김수종, 즉 신라 흥덕왕을 만난 후 완도에 청해진을 설치하고 황해에서 인신매매 등의 노략질을 일삼던 해적을 1만 병력으로 소탕했다. 당시 신라인들은 북으로 산동반도부터 남으로 항주만까지 중국의 동해안 주요 항구에 자치구역을 형성했다. 장보고 세력은 신라와 중국의 여러 나라, 그리고 일본을 연결하는 무역으로 막대한 부를 일구었다.

장보고의 말년은 좋지 않았다. 838년 왕 자리를 놓고 경주의 귀족끼리 무력 대결이 벌어졌을 때 딸을 왕비로 맞아들이겠다는 약속을 한 김우징 편을 들었다. 신무왕이 된 김우징이 6개월 만에 죽고 김우징의 아들 김경응이 문성왕이 되어 대를 이었다. 김경응은 "장보고의 딸이 미천한 신분이니 왕비가 될 수 없다"라는 경주 귀족의 반발을 핑계 삼아 결혼 약속을 지키지 않았다. 이어 장보고는 김경응이 보낸 자객에게 암살되고 말았다.

발해의 해상활동도 빼놓을 수 없다. 727년 동해를 항해해 일본에 도달한 이래로 926년 멸망할 때까지 총 35번 일본에 선대를 파견했다. 또 앞서 언급한 이희옥의 제와 당에게 발해 바닷길로 말을 수출하였다.

해양에 정통한 고려인이 청자로 아시아인의 마음을 홀리다

앞서 얘기한 고대 한국 국가들은 육상활동 이상의 비중을 해상활동에 두었다. 단, 외국에 수출한 물건은 대체로 원자재에 가까웠다. 앞에 이미 언급된 말이나 동물 가죽 외의 수출품으로는 인삼, 철, 금은 세공품 정도가 있었다.

물론 장신구와 같은 금은 세공품은 순수한 원자재는 아니었다. 고구려, 백제, 신라의 삼국은 정교한 금속 세공술을 보유했다. 또 원광석에서 금, 은, 철과 같은 금속을 추출해내는 제련술도 필요하기에 금은 세공품은 엔지니어링의 결과물이라고 볼 측면이 있었다. 그럼에도 불구하고 삼국시대의 수출품을 대략 원자재로 간주하는 이유는 금은 세공품이 극소수의 귀족을 위한 물건이기 때문이었다.

그에 비해 고려는 본격적인 엔지니어링 결과물이라 불러도 지나치지 않은 물품을 만들어 수출했다. 여러분이 잘 알고 있을 고려청자다. 청자가 엔지니어링 결과물이라는 위의 말이 낯설게 들릴 수 있다. 어떤 근거로 그러한 얘기를 할 수 있는지 알아보자.

요즘은 이름을 바꾼 경우가 대부분이지만 예전에는 많은 대학에 요업공학과가 있었다. 영어로는 세라믹 엔지니어링이었다. 일례로, 기존의 금속공학과와 별개로 서울대에 1969년에 재료공학과가 신설되었다. 6년 후인 1975년 서울대 재료공학과는 학과명을 요업공학과로 바꿨다. 요업공학과는 도자기를 굽는 일에 관련된 엔지니어링 지식을 가르치고 연구하는 학과다.

학과명은 유행을 탄다. 현재 에너지자원공학과라고 불리는 학과는 과거에는 광산학과, 그 이전에는 채광학과였다. 서울대 요업공학과는 1982년 무기재료공학과로 다시 간판을 바꿔 달았다.

여기서 무기재료의 무기는 군대가 사용하는 무기와는 아무런 상관이 없다. 광물을 지칭하는 무기질의 무기다. 군대의 무기에 관심 있는 학생들이 착각해 많이 진학했고 덩달아 당시 인기도 높아졌다. 지속 가능한 방식은 아니었기에 서울대 무기재료공학과는 1995년 금속공학과와 합병되어 현재의 재료공학부에 이른다.

과거의 요업공학과가 현재는 세라믹공학과나 신소재공학과로 이름을 바꾼 경우도 적지 않다. 해당 지식이 반도체 소재 쪽으로도 요즘 폭넓게 활용된다는 의미다. 재료와 제조 공정 관점에서 보면 오늘날 한국의 반도체산업은 유서 깊은 든든한 옛 조상이 있었던 셈이다.

 고려청자는 도자기의 한 종류다. 도자기는 도기와 자기를 합친 말이다. 도기는 섭씨 900도에서 1,000도에 이르는 가마를 이용하며 표면에 화학물질의 일종인 유약을 발라 구운 흙그릇이다. 자기는 가마의 온도를 섭씨 1,300도 이상으로 올려야 제작 가능하다. 과거 대부분의 국가가 만들 줄 알았던 도기와 달리 중세 때까지 자기를 만들 수 있는 나라는 고려를 비롯해 중국과 베트남 정도가 전부일 정도로 드물었다.

 고려는 엄밀히 말하자면 918년이 아닌 901년에 세워진 나라다. 『삼국유사』와 이병도의 『역주 삼국사기』에 의하면 외눈박이로 유명한 궁예가 개성에 901년에 세운 나라의 최초 국명이 고려다. 신분제로 썩을 대로 썩어버린 신라에 염증을 느낀 궁예는 당에 협력해 고구려를 망하게 한 신라에 복수한다는 의미에서 최초 국명을 고려로 지었다. 900년에 스스로를 후백제왕이라고 일컬은 견훤과는 달리 궁예는 자신의 나라를 후고구려라고 부른 적이 없었다. 즉, 오늘날 간혹 사용되는 후고구려는 오로지 편의상의 명칭이다.

 그렇다면 자신을 고구려의 계승자로 여겼던 궁예가 고구려 대신 고려라는 국명을 택한 이유는 무엇이었을까? 의외로 이유가 간단하다. 고구려는 5세기 장수왕이 왕이던 때부터 이미 가운데의 구자를 빼버리고 스스로를 고려라고 칭했다. 계승하려던 나라의 공식 국가 이름이 고려였기에 그대로 고려라고 불렀다는 얘기다.

고구려의 계승국임을 처음부터 천명했던 발해와 더불어 고려가 고구려의 또 다른 계승국인 이유는 왕건에게 있다. 왕건은 과대망상에 빠진 궁예를 918년에 폐하고 왕이 되었다. 궁예는 고려의 국명을 904년에는 마진으로, 911년에는 태봉으로 연달아 바꿨다. 이를 다시 고려로 바꾼 사람이 왕건이었다.

개성이 기반인 왕건 일가는 경기만을 장악한 해양세력이었다. 사료를 찾아보면 왕건을 가리켜 '백선장군'이라고 칭한 기록이 있다. 여기서 백선장군의 백선은 백 척의 배를 의미했다. 그런 배경을 가진 왕건이 고구려를 계승하겠다고 만든 국가인 고려가 해상활동에 얼마나 비중을 뒀을지 짐작하기는 결코 어렵지 않다.

고려는 거란족의 국가 요가 926년 발해를 멸망시키자 국가적으로 분개했다. 발해가 자기들과 같은 고구려의 후신임을 의식해서였다. 발해 유민의 일부는 고려로 망명했다. 한국의 태씨와 대씨는 발해 대조영 일가의 후손이다. 또 일부는 929년부터 1116년까지 만주에서 후발해, 정안, 오사, 흥료, 대발해라는 발해의 후계국을 다섯 차례에 걸쳐 세웠다. 200년 가까이 고조선, 고구려의 맥을 이으려는 발해인의 정체성이 얼마나 강했는지 짐작할 수 있다.

942년 요는 고려에 낙타 50마리를 보냈다. 친하게 지내고 싶다는 외교적 제스처였다. 1452년 김종서 등이 편찬한 『고려사절요』에 의하면, 왕건은 낙타를 데리고 온 요인 30명을 섬에 가두고 낙타는 개성 만부교 밑에 매어 놓아 굶겨 죽였다. 요는 922년에도 낙타와 양모 카펫을 보냈던 바, 그때는 잘 길렀다. 굶어 죽은 낙타를 핑계 삼아 993년부터 1019년까지 세 차례 쳐들어온 요의 침공을 고려는 모두 격퇴했다. 요는 1125년에 멸

13세기에 제작된 것으로 추정되는 국보 제68호 청자 상감운학문 매병

망했다.

사실 고려청자의 출발점은 장보고가 구축한 청해진이었을 수 있다. 청해진에서 가까운 전라남도 강진, 영암, 해남 등에 내수와 수출에 활용되던 9세기의 청자 가마터가 다수 발견되었기 때문이다. 수입되던 중국 청자를 모방하던 과정에서 청자 제조 테크놀로지를 축적한 고려 도자공들은 12세기부터 독자적인 청자를 만들기 시작했다.

고려청자는 특유의 비색과 상감 기법이 남달랐다. 상감이란 원래의 재료에 홈을 파고 그 홈에 다른 재료를 채워 넣는 기법이다. 상감 자체는 중국에서 기원전부터 사용되었지만 이를 자기에 사용한 최초의 경우가 후기의 고려청자였다.

무엇보다도 고려의 도자 엔지니어들은 무수한 시행착오를 통해 신비로운 비색을 내는 최적의 유약 철분 비율을 구사했다. 송의 태평노인이 쓴 『수중금』에는 송인들이 최고로 꼽던 열 가지 물건이 제시된 바, 고려비색이 그중 하나였다. 1123년에 고려를 방문한 송의 서긍은 『선화봉사고려도경』에서 "고려가 빙렬이 거의 없는 비색청자를 완성했다. 근년 이래 제작이 공교하고 색택이 더욱 아름답다"라고 썼다. 빙렬이란 유약이 식으면서 도자기에 생기는 금을 말한다.

고려청자는 고려에서 사용되었음은 물론이거니와 외국에서 대량으로 사 가던 인기 수출품이었다. 고려청자가 수출된 지역은 문헌보다는 실물로 더 쉽게 확인된다. 고려청자 유물은 중국, 일본, 필리핀, 몽골, 베트남 등에 존재한다. 특히 과거 송의 수도였던 항저우를 중심으로 다량의 고려청자가 발굴되었다.

고려의 선대가 해외를 드나들었듯이 외국의 선대도 고려를 드나들었다. 특히 개경의 외항인 벽란도는 전 세계 각국의 상인들이 드나들던 무역 허브였다. 송, 요, 금, 일본은 물론이고 인도, 태국, 베트남 등의 동남아시아 국가와 멀리 아랍과 페르시아의 선대도 방문했다. 예를 들어, 1024년 당시 대식국이라고 부르던 아랍국 상인 100여 명이 왔고, 1025년과 1040년에도 거래하러 나타났다.

3

기후와 국토의 활용도를 높였던
건축 및 토목 엔지니어링

한국의 추운 겨울 기후에 최선의 독창적 대응이었던 구들

앞의 두 장에서 한국의 선대 엔지니어들이 정보 테크놀로지와 요업 엔지니어링에서 이룬 성과가 얼마나 뛰어났는지를 살펴보았다. 이번 장과 다음 장에서 다룰 대상은 건축과 토목, 그리고 기계 분야다. 상대적인 관점에서 이들 분야의 성취는 앞의 두 분야만큼은 아닐 수 있다. 단적으로 고대와 중세 한국이 토건과 기계로 유명한 나라는 아니었다.

그렇다고 해서 해당 분야의 성취가 중요하지 않다는 뜻은 아니다. 두 분야는 거의 모든 사람의 삶에 영향을 주는 보편적인 테크놀로지다. 가령, 고려의 모든 백성이 활자로 인쇄된 책을 읽었을 리도, 또 청자에 밥 담아 먹었을 리도 없다. 그에 비해 살 집을 짓고 농사지을 물을 끌어대는 일은 누구라도 가벼이 여길 수 없는 중대한 문제였다.

토건과 기계는 주어진 환경의 한계를 극복하려는 선대 엔지니어들의 노력이 남달랐던 분야였다. 그중에는 독창적이면서 깜짝 놀랄 성취를 거둔 경우도 많지만 오랜 노고에도 불구하고 성공에 다다르지 못한 경우도 없지 않았다. 테크놀로지는 실패와 시행착오를 바탕으로 진화하는 생명체와 같기에 이러한 실패의 기록조차도 값진 역사다. 이번 장과 다음 장에는 그러한 기록도 포함되어 있다.

보통 건축이란 말을 들으면 에펠탑이나 안토니오 가우디의 작품인 성가족 성당 같은 대단한 건축물을 생각하기 쉽다. 높이가 얼마인지, 무슨 공법이 사용되었는지 등을 떠올리는 경우다. 그보다 모든 사람에게 중요한 문제는 살 집이다. 삶의 터전인 집을 짓는 일은 건축의 기본적 존재의의다.

집에 요구되는 여러 역할 중 하나가 난방이다. 난방은 원시시대부터 인간에게 중대한 문제였다. 원시인류는 동굴과 같은 자연구조물에서 장작불을 피워 추위를 피했다. 최근의 발굴에 의하면 기원전 4만4천 년경 네안데르탈인은 이미 개방형 화로를 만들어 사용했다.

개방형 화로는 나무를 불태울 수 있는 돌이나 벽돌로 만든 공간으로서 위가 그대로 뚫려 있는 경우다. 개방형 화로의 불은 음식을 익히는데 우선 사용되었고 방을 따뜻하게 하는 용도로도 사용되었다. 이러한 개방형 화로는 근대에 이를 때까지도 동서양을 막론한 유일한 주택 난방 도구였다. 그리스와 로마 신화에 나오는 화로의 여신 헤스티아와 베스타는 개방형 화로의 중요성을 상징했다.

난방 도구로서 개방형 화로는 크게 보아 두 가지 문제점이 있었다. 첫째, 화로의 불에서 나오는 연기가 열기와 구분되지 않고 방을 채운다는 점이었다. 이러한 문제를 해결하려는 시도가 굴뚝의 개발이었다. 굴뚝이 부착된 화로가 유럽의 집에 설치된 최초의 시기는 12세기였다. 현존하는 굴뚝 화로 집으로서 1185년에 건축된 영국 코니스브로성이 있다. 그럼에도 불구하고 굴뚝 화로를 가진 집은 17세기까지도 유럽에서 별로 흔하지 않았다.

개방형 화로의 둘째 문제점은 난방 방식 자체의 문제였다. 개방형 화로는 불의 열에너지를 공기에 담아두는 방식이었다.

기체인 공기는 열에너지를 담아둘 수 있는 용량인 일명 '열용량'이 액체나 고체보다 낮다. 단적으로 공기의 열용량은 물의 약 2,675분의 1에 지나지 않는다. 즉, 방 안의 공기가 품을 수 있는 열에너지는 물의 0.05퍼센트에도 못 미친다. 열용량이 낮은 공기를 직접 덥히는 방식에는 또 다른 문제가 있었다. 화로 바로 옆은 너무 뜨거운 반면 조금만 멀어지면 온기를 느끼기가 쉽지 않았다. 개방형이 아닌 굴뚝 화로도 이러한 문제점들은 여전했다.

그러면 화로가 아닌 난방 도구는 유럽이나 중국 등에 아예 없었을까? 유일한 예외는 고대 로마에서 사용되었던 히포카우스툼이었다. 히포카우스툼은 벽돌로 기둥을 쌓아 빈 공간을 만든 후 그 위에 바닥을 깐 구조물이었다. 그런 후 바닥 밑과 벽돌벽 사이의 빈 공간에서 불을 때어 바닥과 벽의 온도를 올려주는 방식이었다.

방금 전처럼 히포카우스툼을 설명하는 이야기를 들으면 온돌이 연상되기 쉽다. 온돌이 무엇인지 모르는 한국인은 드물다. 한국의 아파트나 주택치고 기본적인 난방 방식으로 온돌의 원리를 채용하지 않은 경우란 없다고 해도 무방하다.

온돌을 '따뜻한 돌' 혹은 '돌을 따뜻하게 덥히는 일'로 이해하는 경우

고대 로마에서 난방을 위해 사용되었던 히포카우스툼 유적

가 흔하다. 뜻은 대략 맞지만 조금만 생각해보면 피식 헛웃음을 지을 이해다. 온은 한자요, 돌은 우리말이기 때문이다. 온돌의 돌은 '내밀다'는 뜻을 가지며 이 경우에는 굴뚝을 뜻한다. 즉, 원래의 온돌은 불을 때서 온기가 느껴지는 굴뚝을 가리킨다. 엄밀히 말해 온돌은 원래부터 있던 말이 아니고 19세기 후반에 생긴 한자어다.

사실 온돌 대신 쓸 수 있는 우리말이 있다. 바로 구들이다. 손진태에 의하면 구들은 '(불로) 구운 돌'이 변해서 생긴 말이다. 고려대한국어대사전은 구들을 "아궁이에 불을 때어 그 불기운이 방바닥 밑으로 난 방고래를 통해 퍼지도록 하여 방을 덥게 하는 난방장치. 우리나라 및 중국 동북부에서 발달하였다"라고 설명한다.

바로 위의 '우리나라 및 중국 동북부'가 의미하는 바가 무엇일까? 마치

함경북도 웅기에서 발견된 신석기 시대의 구들 유적

한자처럼 중국이 만든 구들을 우리가 들여왔다는 뜻일까? 그렇지 않다.
이 책의 여기까지 읽은 여러분이라면 중국 동북부가 무엇을 의미하는지
를 깨달음이 마땅하다. 여기서 중국 동북부란 곧 옛 조선과 고구려를 뜻
한다.

기원전 5천 년경으로 추정되는 함경북도 웅기의 신석기 유적지는 구
들의 흔적을 보여준다. 기원전 10세기경에 만들어진 보다 완전한 형태의
구들 유적도 있다. 구들은 고구려 고분벽화를 통해서도 확인이 가능하
다. 발해, 고려, 조선에서도 보편적인 난방 방식으로 자리 잡았다. 즉, 구
들은 고대 한국인의 독보적인 테크놀로지였다.

구들은 개방형 화로의 두 가지 문제를 한 번에 해결하는 장치였다. 불
에서 나오는 연기가 직접 방으로 들어가지 않고 바닥을 통해 집 밖의 굴

뚝으로 배출되기에 방의 공기 오염을 걱정할 필요가 없었다. 또 열에너지를 흙으로 만든 방바닥에 저장해두기에 오랜 시간 방 전체의 균일한 난방이 가능했다. 흙의 열용량은 공기의 2,236배에 달한다.

구들과 히포카우스툼은 어떻게 비교가 될까? 문헌상 히포카우스툼은 가장 일러야 기원전 4세기에 나타났으니 구들이 시간상 한참 앞선다. 기원전 1세기의 로마 건축가 비트루비우스는 히포카우스툼이 기원전 80년에 발명됐다고 설명하기도 한다. 또 히포카우스툼은 사실 일반적인 집보다는 로마의 공중목욕탕에 쓰이던 난방장치였다. 집에 쓴다고 하더라도 귀족의 대저택이 아니면 쓰지 않았다. 로마가 쇠퇴한 후에는 거의 쓰이지 않았다.

반면, 구들은 오히려 일반 서민의 집에서 쓰이던 난방장치였다. 송기호는 "귀족층은 커튼이나 병풍으로 바람을 막고 난로와 화로를 썼기 때문에 온돌이 필요 없었다"라고 설명한다. 또 조선 시대 때 양반들은 온돌에서 자면 몸과 뼈가 약해진다고 생각한 나머지 병자나 노인만 구들방에서 생활하게 했다.

방바닥을 데워 난방을 하는 구들을 서양인들은 어떻게 평가했을까? 1904년 러일전쟁 취재차 한국을 방문했던 스웨덴인 안데르손 그렙스트는 구들에 대한 자신의 감상을 이처럼 남겼다. "이곳 사람들은 밤에는 펄펄 끓는 방바닥 뒤에서 빵처럼 구워지는 게 아주 익숙하다." 구들에서 몸을 지지는 맛을 아는 사람들에게는 빵처럼 구워진다는 말도 정겹기만 하다.

안전한 연안 바닷길 확보를 위해 500년 넘게 시도된 운하 건설

조선 왕조의 주 수입원은 세금으로 걷은 전국 각지에서 경작된 쌀이었다. 제조와 상거래를 억누른 탓에 화폐의 사용은 유명무실했다. 걷은 쌀을 서울로 모으는 일은 조선 왕조에게 중대한 과제였다.

무겁고 부피가 큰 쌀을 운반하는 최선의 방법은 배를 이용하는 경우였다. 말이나 소가 끄는 수레는 결코 운송량의 관점에서 배의 상대가 될 수 없었다. 한강에 가깝지 않은 지역은 강에 배를 띄워 서울로 쌀을 보내기가 불가능했다. 남은 유일한 방법은 바다를 통해 쌀을 보내는 방법이었다. 당시 바다를 통해 쌀을 운송하는 배를 가리켜 조운선이라고 불렀다.

쌀 생산 관점에서 특히 중요한 지역은 충청, 전라, 경상의 세 도였다. 상대적으로 남쪽에 위치한 덕분에 흔히 이들을 합쳐 삼남이라고 불렀다. 삼남은 모두 바다에 면한 강을 가졌다. 바닷길 거리로 제일 먼 경상은 물론이고 전라의 조운선도 한강 하구를 거쳐 서울로 들어가려면 충청의 연안 바다를 지나야만 했다.

한국 근해에는 이른바 4대 험수로가 있다. 위험한 물길을 뜻하는 험수로는 물살이 세면서 변화가 많은 바다다. 『심청전』에서 눈먼 아빠의 눈을 뜨게 하려고 심청이 쌀 300석에 몸을 던진, 백령도와 황해도 장산곶 사이 인당수가 그중 하나다. 또 1597년 이순신이 12척의 배로 일본 수군 133척을 물리친 명량해전이 벌어진 진도의 울돌목, 그리고 강화도와 김포 사이 염하의 수로 폭이 좁아지는 손돌목도 포함된다.

상대적으로 더 알려진 인당수와 울돌목이 험한 거로 한 수 접어야 하는 바다가 있었으니 바로 안흥량이다. 충청남도 태안반도와 가의도 사이

해협인 안흥량은 하필이면 삼남에서 올라오는 조운선이 반드시 지나야 하는 위치였다. 안흥량은 바닷속 곳곳에 암초가 도사리고 있고 안개가 자주 끼는 데다가 또 풍랑과 조류가 거세기로 악명 높았다.

앞의 2장에서 고려청자를 평했던 송의 서긍은 안흥량에 대해서도 평을 남겼다. 고려에 들어올 때 직접 안흥량을 겪은 덕분이다. 서긍은 『선화봉사고려도경』에서 "앞쪽으로 바위 하나가 바다로 잠겨 들어 있어 격렬한 파도가 회오리치고, 들이치는 여울의 세참이 매우 기

삼남에서 올라오는 조운선이 반드시 지나야 하는 안흥량은 험하기로 악명이 높았다.

괴한 모습이라 뭐라고 표현할 길이 없다"라고 썼다.

『신증동국여지승람』에 따르면 안흥량의 원래 이름은 난행량이었다. 글자 그대로 '지나가기 어지러운 해협'이었다. 어찌나 배들이 자주 침몰했던지 제발 좀 무사히 지나가길 갈구한 고려인들은 바다 이름을 '편안하게 흥하는 해협'을 뜻하는 안흥량으로 바꿔 불렀다. 고려인들의 개명 노력은 별 소용이 없었다.

조선 시대 때 안흥량에서 좌초한 조운선의 기록은 길고도 길다. 『태조

실록』1395년 5월 17일 자는 "경상도 조운선 16척이 안흥량에 이르러 바람을 만나 침몰하였다"라고 쓰고 있다. 1403년 5월에는 조운선 34척이, 같은 해 6월에도 또다시 30척이 안흥량에서 수장되었다. 익사자가 천 명이 넘고 사라진 쌀만 만 석이 넘는 피해였다. 또 1414년 8월에 66척, 1451년 5월에 11척, 1455년 3월에 54척이 물귀신이 되었다. '한국의 버뮤다 삼각지대'라는 안흥량의 오늘날 별칭이 결코 무색하지 않았다.

안흥량의 해난 사고를 없앨 방법은 버뮤다 삼각지대의 실종 사고를 없애는 방법과 어쩌면 같았다. 이를 지나지 않고 피해 가면 될 일이었다. 남쪽으로 길게 내려온 태안반도 동쪽의 천수만 북단에서 태안반도의 북쪽에 위치한 가로림만 남단까지의 거리는 당시 7킬로미터 정도에 지나지 않았다. 이를 연결하는 운하를 파면 조운선이 안흥량을 거치지 않고 서울로 갈 길이 열리는 셈이었다. 게다가 항해 거리도 약 16킬로미터 짧아져 운송 시간도 줄일 수 있었다.

천수만과 가로림만을 남북으로 연결하는 이른바 굴포운하의 착공은 이미 고려 때 시작되었다. 『고려사절요』에 의하면 1134년 정습명은 인종의 지시에 따라 안흥량 부근에서 수천 명의 역졸을 징발해 운하를 팠지만 완공하지는 못했다. 고려가 망하기 1년 전인 1391년에 왕강이 다시 운하 건설에 나섰다. 두 달이면 충분하다고 장담했지만 "물 밑에 돌이 있고 또 조수까지 오가는 바람에 파는 대로 막혀버렸다"라고 『고려사』는 전한다.

왕강의 실패를 지켜봤던 이성계는 조선을 건국한 지 4년 만에 최유경을 태안군 북쪽에 파견했다. 운하 팔 곳이 없는지 알아보라는 임무였다. 『태조실록』1395년 6월 6일 자에 의하면 최유경은 "땅이 높고 굳은 돌이 있어서 갑자기 팔 수 없습니다"라며 돌아와 보고했다. 굴포운하에 대한 이성계의 관심에는 이유가 있었다. 약 20일 전에 경상도 조운선 16척이 안흥량에서 난파된 탓이었다.

이방원 역시 굴포운하에 큰 관심을 가졌다. 『태종실록』 1412년 11월 8일 자는 이방원이 의정부에게 굴포운하 건설을 논의하게 하고 "내 장차 일을 주관하는 대신을 보내어 살피게 하겠다"라며 의지를 내보였다. 8일 후인 11월 16일, 하윤이 새로운 아이디어를 다음처럼 제안했다.

왕강이 뚫던 곳에 지형이 높고 낮음을 따라 제방을 쌓고, 물을 가두어 제방마다 작은 배를 두며, 둑 아래를 파서 조운선이 포구에 닿으면 그 작은 배에 옮겨 싣고, 둑 아래에 이르러 다시 둑 안에 있는 작은 배에 옮겨 싣게 합니다. 이러한 차례로 운반하면 큰 힘을 들이지 아니하고도 거의 배가 전복되는 근심을 면할 것입니다.

쉽게 말해 계단식으로 운하를 파서 조운선 자체가 지나가지는 못해도 작은 배로써 쌀을 운반하자는 아이디어였다. 이방원은 대다수 신하들의 반대를 무릅쓰고 1413년 1월 29일 하윤의 아이디어대로 공사를 강행했다. 우박과 김지순이 동원한 인근 주민 5천 명은 같은 해 2월 10일 계단식 운하를 마침내 완공했다. 운하 중간의 가장 높은 지점에 위치한 둑을 기준으로 북쪽에 2개의 둑을, 남쪽에 3개의 둑을 더 쌓아 총 다섯 개의 저수지를 만들었다.

완공된 굴포운하는 기대에 못 미쳤다. 다섯 개 중 제일 작은 저수지는 폭이 약 10미터에 불과해 150석 정도를 싣는 작은 배 한 척이 겨우 지날 정도였다. 그마저도 조수 간만의 차와 가뭄 때문에 운항이 가능한 일수가 많지 않았다. 계단식 굴포운하를 통한 쌀 운송량은 미미했다.

"헛되이 민력만을 썼지, 반드시 이용되지 못하여 조운은 결국 불통할 것"이라는 당대의 차가운 평가에도 불구하고 이방원은 미련을 버리지 못했다. 완공된 지 약 1년 후 이방원이 안 되는 이유를 들어 반대하는 김승주, 유사눌, 유양과 언쟁한 기록도 『태종실록』 1414년 9월 21일 자에 나온다. 이방원은 그 후로도 한 차례 더 굴포운하를 방문해 직접 둘러볼 정도로 끝까지 애착을 버리지 못했다.

해결되지 않는 굴포운하의 문제에 도전한 사람 중에는 신숙주도 있다. 신숙주는 1461년 8월부터 5천 명을 동원해 3년간 공사를 진행했지만 결국 실패했다. 신숙주는 당시의 괴로운 심정을 "뉘 능히 나에게 조운 통하는 계책을 말해 주려나. 다만 술통 앞에서 취하여 망연히 잊고만 싶다"라는 시로 남겼다. 그 뒤로도 17세기까지 운하 건설 시도는 계속되었다. 16세기 초 타당성 검토가 한 번 있었고, 1668년에는 삽까지 떴다가 결국 1년 만에 접고 말았다.

뭐라도 파고 싶었던지 조선 왕정은 1638년 태안반도 중간을 동서로 횡단하는 판목운하를 건설했다. 안흥량의 남쪽에 위치한 터라 판목운하는 안흥량 우회에 아무런 도움이 되지 않는 헛수고에 가까웠다. 어쨌거나 판목운하로 인해 태안반도의 남쪽이 잘려 한국에서 여섯 번째로 큰 섬인 현재의 안면도가 되었다.

고조선 때부터 돌을 주재료로 삼아 성을 건축한 한국인

역사를 공부하는 사람은 대개 과거 문헌에 의지하기 마련이다. 그들은 문헌의 기록을 절대적인 진실로 간주하곤 한다. 당연한 듯한 이러한 접근법은 사실 허점이 많다.

먼저, 글을 쓰는 사람은 자신의 입장에 따라 무엇을 쓸지를 선택한다. 사실을 누락하기도 하고 경우에 따라서는 거짓을 기록으로 남기기도 한다. 그래서 똑같은 사건을 두고 서로 충돌되는 설명이 제시되는 경우가 다반사다. 일례로, 전쟁을 치른 양측이 동일한 전투에 대해 전혀 딴판의 피아간 인명 피해를 제시하는 일은 예외기보다는 규칙에 가깝다. 즉, 남겨진 글은 본질적으로 편파적이다.

그보다 더 중요한 요인은 집단으로서 글을 남기는 사람들의 성격이다. 세상은 대체로 두 부류의 사람으로 구성되어 있다. 실제로 행하는 사람과 남의 행동을 평하는 사람이다. 행하는 사람은 글을 남기는 데 별로 관심이 없다. 글을 남기는 사람은 십중팔구 평하는 사람이다. 그렇기에 기록은 불완전하며 피상적이다.

비유를 들어보자. 구글의 엔지니어가 자신의 일을 설명한 책은 거의 없다. 대다수 엔지니어는 책 쓰는 일을 시간 낭비로 간주한다. 구글에 대한 책이 있다면 구글에서 일해본 적 없는 이른바 경영학 구루가 썼기 쉽다. 그러한 글은 진짜 구글러의 작업과 생각을 보여주지 못한다. 구글의 진가를 음미하려면 그들이 만든 결과물을 봐야만 한다. 물건은 글보다 정직하다.

마을과 도시를 보호하는 성벽을 과거에 어떻게 만들었는지에 대한 기록은 많지 않다. 다행하게도 성벽은 쉽게 불타거나 썩지 않아 오랜 세월을 견딜 수 있다. 남아 있는 과거의 성벽은 자체로 역사다. 성벽을 쌓아 올린 이들의 노고와 성벽을 사이에 두고 이민족과 벌였던 온갖 전쟁의

경상남도 김해시 구산동에서 발견된 고인돌. 전 세계에서 가장 큰 고인돌로 인정받고 있다.

흔적 때문이다.

고조선 이래로 한국의 성은 대개 돌로 지어졌다. 산이 많고 돌이 풍부한 고대 한국 영토의 특성 때문이었다. 반면, 중국의 성은 대개 흙으로 지어졌고 명 이후로는 흙을 구워 만든 벽돌로 건축되었다. 몽골과 거란, 말갈 등 유목민족은 성의 건축에 큰 관심을 두지 않았다. 즉, 돌로 지은 성은 고대 한국인이 남긴 서명과도 같다. 무덤도 비슷하다. 한국의 무덤은 돌무덤이다. 그에 반해 중국은 흙이나 벽돌로 무덤을 만든다.

원시적 형태의 돌 건축물로 고인돌이 있다. 고인돌은 청동기 시대 초기에 세워지던 무덤이다. 전 세계에서 발견된 총 8만여 기의 고인돌 중 약 5만 기가 고대 한국의 영토인 한반도, 산동성, 요동반도에 존재한다. 즉, 고대 한국은 고인돌의 성지다. 또한, 일본 남부에서도 약간의 고인돌이 발견되는 바, 고조선인의 일부가 일본에 진출했다는 증거다.

전 세계에서 가장 큰 고인돌은 경상남도 김해시 구산동에 있다. 길이가 10미터, 너비가 4.5미터, 높이가 3.5미터고, 무게는 350톤에 달한다. 이집트 피라미드의 돌 하나가 가장 무거우면 10톤 정도고, 스톤헨지도 50톤이 최대임을 감안하면 구산동 고인돌의 규모를 짐작할 수 있다.

또한, 평안남도 증산군 용덕리에서 발견된 고인돌에는 75개의 구멍이 뚫려 있다. 구멍의 지름은 1.5센티미터에서 10센티미터까지다. 구멍이 별의 위치를 나타내고 구멍의 크기가 별의 밝기를 나타낸다면 이는 과거 고조선인이 별자리를 관찰했다는 근거가 된다. 별자리의 관찰은 항해와 농경에 필요하며 따라서 당시의 문명 수준을 짐작하게 한다. 별자리의 배치로 미루어보건대 용덕리 고인돌은 기원전 27세기경에 만들어졌다.

고대 한국 중 특히 고구려는 돌로 견고한 성을 쌓기로 이름났다. 고구려는 처음에는 평지의 평지성과 산지의 산성을 따로 지었다. 즉, 평화 시에는 평지성에서 생활하다가 전쟁 시에는 평지성 뒷산에 자리 잡은 산성으로 옮겨 항전하는 방식이었다.

고구려의 최초 수도였던 졸본성과 두 번째 수도였던 국내성은 둘 다 평지성과 산성의 쌍으로 구성되어 있었다. 오녀산성이라고도 불리는 현재의 요녕성 환인시의 졸본성 바로 옆에는 평지성인 하고성자성이 위치한다. 또 길림성 집안시에 있는 국내성의 바로 서북 방향에 오늘날 환도산성 혹은 산성자산성이라고 불리는 위나암성이 자리 잡고 있다. 427년 장수왕이 수도를 평양으로 옮겼을 때도 똑같은 방식으로 안학궁성과 대성산성을 지었다.

고구려의 산성은 공략하기 어렵기로 소문이 자자했다. 신라가 당에 협력해 등 뒤에서 공격하기 전까지 고구려가 중국의 공격을 결과적으로 모조리 격퇴할 수 있었던 힘 중의 하나가 바로 고구려인이 지은 산성이었다.

기본적으로 고구려의 산성은 고로봉식이라 하여 네 면 중 세 면이 산이나 절벽 혹은 강으로 막혀 있고 한 면만이 뚫려 있다. 공격할 데가 한 면밖에 없기에 숫자에서 불리한 성안의 수비군도 능히 다수의 공격군을 막아낼 만했다

요녕성 환인시에 위치한 오녀산성. 고구려의 산성은 공략하기 어렵기로 소문이 자자했다.

645년 당 태종 이세민이 직접 고구려를 공격해 요동성, 개모성, 비사성, 백암성을 유린한 후 40일 가까이 공격했음에도 산성인 안시성을 함락하지 못해 후퇴한 일은 유명하다. 고구려의 멸망을 보통 668년으로 이야기하나 이는 평양성이 함락된 때고 671년까지도 안시성을 비롯한 요동에서 고구려는 여전히 당에 항전 중이었다.

고구려인은 산성을 짓는 테크놀로지 관점에서도 상당한 진보를 이루었다. 먼저, 성을 쌓을 때 바닥을 파서 단단하게 다진 뒤 그 위에 커다란 돌을 한두 층 정도 쌓았던 바, 이를 굽도리라고 부른다. 성이 튼튼하게 서 있을 수 있도록 기반을 다진다는 의미였다. 또 굽도리 위에 돌을 쌓아 올릴 때 조금씩 들이쌓아서 성벽이 공격에 좀 더 지탱할 수 있도록 했다.

또 고구려인은 그랭이 공법도 사용했다. 그랭이 공법은 땅속에 박혀 있는 커다란 바위를 이용한 축성법이다. 땅속에 박혀 있는 만큼 성벽을 더 단단하게 지탱하기에 이를 파내거나 깎아내지 않고 그 생긴 모양에 맞춰 위에 쌓는 돌을 깎는 방법이었다.

특히 치성과 옹성은 토목 엔지니어로서 고구려인의 독창성을 상징하는 예다. 치성은 성벽 자

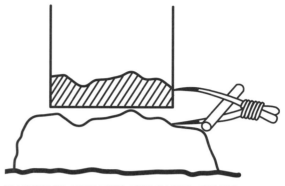

땅속에 박혀 있는 커다란 바위를 이용한 축성법인 그랭이 공법

체가 바깥으로 네모나게 돌출된 구조물로서 성벽 위의 수비군이 자리 잡을 수 있다. 꿩이 몸을 웅크린 채 주위를 응시하는 모양새라 하여 '꿩 치'자를 썼다. 옹성은 성 방어 시 가장 취약한 부분인 성문 주위로 반원형의 성을 더 쌓아 성문을 이중으로 만든 구조물이다. 항아리 모양을 닮았다는 의미에서 '항아리 옹'자를 사용했다. 치성과 옹성 위의 수비군은 성벽과 성문을 공격하는 공격군을 다방면으로 공격할 수 있기에 방어력이 올라간다.

『삼국사기』에 의하면 고구려는 말기에 176개의 산성을 갖고 있었다. 그중에는 충청북도 단양에 있는 온달산성도 있다. 온달산성은 고구려 평원왕의 첫째 딸 고평강과 결혼한 온달이 신라군의 공격을 막기 위해 세웠다고 전해지는 산성이다. 고구려의 산성 축조 테크놀로지는 백제를 거쳐 일본 규슈에도 전해져 현재 20여 개의 고구려계 산성이 현존한다. 후쿠오카의 오노산성이 대표적이다.

고구려인은 평지성-산성의 방식에 안주하지 않고 혁신했다. 평양의 안

학궁성과 대성산성을 대신하는 장안성, 즉 새로운 평양성을 552년에 건축했기 때문이다. 동쪽과 남쪽 면으로 대동강이 곧바로 흐르고 서북 면으로도 지류가 흐르며 북쪽 끝에 모란봉을 품은 평양성은 읍성과 산성을 하나로 합친 이른바 '평산성'의 예였다.

고구려가 개발한 평산성 방식은 꽤 오랜 기간 역사에서 사라졌다. 가령, 조선은 기본적으로 평지성인 읍성과 산성을 구별해 지었다. 그랬던 평산성이 18세기에 부활했다. 정조 이산의 의지에 따라 정약용이 기획하고 채제공이 건축을 지휘한 수원 화성이 그 주인공이다.

1794년에 완공된 수원 화성은 건설에 사용된 활차와 거중기로도 유명하다. 활차는 도르래고 거중기는 크레인이다. 정약용은 요하네스 슈렉이 1627년에 한자로 출간한 『기기도설』을 참고해 거중기를 만들었다. 30명이 힘을 합쳐 7.2톤의 돌을 들어 올렸으니 거중기를 통해 한 명당 240킬로그램을 들어 올린 셈이다. 거중기는 화성의 건설 기간 단축에 크게 기여했다.

그렇다면 정약용에게 『기기도설』을 준 사람이 누구였을까? 바로 이산 정조였다.

4
얼음창고, 펌프, 유인비행체까지 만들었던 기계 테크놀로지

겨울의 상징인 얼음을 한여름에도 즐기게 해준 얼음창고

인류의 문명은 언제 어디서 시작되었을까? 문명의 기준을 국가 수립, 청동기 사용, 문자 사용 등에 놓는다면 티그리스강과 유프라테스강 유역이 가장 먼저였고, 그다음이 인더스강 유역과 나일강 유역이었다. 각각 기원전 4천 년 전, 3천3백 년 전, 3천2백 년 전이었다. 동아시아에서는 기원전 2천 년을 전후해 요하 유역, 황하 유역, 장강 유역 등에 독립적인 문명이 나타났다.

위에 언급한 지역 중 요하 유역을 제외하면 한 가지 공통점이 있다. 아무리 추워도 영하로 기온이 내려가지 않는다는 점이다. 1월 평균기온이 티그리스강 옆에 위치한 이라크 수도 바그다드는 섭씨 4도, 인더스강에 가까운 파키스탄 수도 카라치는 섭씨 18도, 나일강이 지나는 이집트 수도 카이로는 섭씨 14도다. 황하가 관통하는 하남성 정주와 장강의 하구인 상해도 각각 섭씨 1도와 섭씨 5도다. 1월 평균기온이 영하 3도인 서울은 우리가 잘 알 듯 겨울이면 얼음이 어니, 서울보다 위도가 높은 요하 유역은 말할 필요도 없다.

즉, 문명이 시작된 곳은 모두 따뜻한 곳이었다. 달리 말하면 추운 곳에서는 문명이 생기지 않았다. 추위는 문명을 방해하는 요소였을 뿐, 문명의 일부를 구성하지는 않았다. 차가움은 그저 극복해야 할 대상이었다. 문명의 발상지들은 하나같이 추위를 피해 따뜻한 곳을 차지하려 드는 타민족의 공격에 늘 시달려야 했다.

고대 한국인은 달랐다. 그들에게 겨울 추위의 결과물인 얼음은 단지 피하기만 해야 할 대상이 아니었다. 얼음을 녹지 않게 여름까지 보관할 수 있다면 오히려 좋은 일이라고 생각했다. 문명의 영역이 얼음의 보관과 활용이라는 새로운 분야로 확장되는 셈이었다. 문제는 어떻게 얼음이 녹지 않도록 보관할 수 있는가였다.

『삼국유사』에는 실제로 얼음창고가 만들어졌다는 기록이 있다. 흥미롭게도 가장 얼음과 거리가 멀 듯한 신라의 세 번째 왕 박유리가 "비로소 보습과 얼음창고를 만들고, 수레를 만들었다"라는 기록이다. 보습은 쟁기의 삽을 뜻한다. 또한, 505년 지증왕 김지대로가 "겨울 11월에 처음으로 담당 관청에 명령하여 얼음을 저장하게 하였다"라는 기록이 『삼국사기』에 나온다. 박유리는 57년에 죽었으므로 두 사건 사이의 시간 간격은 4백 년 이상이다. 성능은 알 길이 없으나 최소한 신라가 얼음창고를 만들어 운영했다는 사실은 짐작할 수 있다.

왜 신라만 유독 얼음창고에 대한 기록이 있을까? 한 가지 가능한 해석은 고구려나 백제는 굳이 얼음창고가 필요하지 않았다는 추측이다. 요하와 연해주까지 차지하고 있던 고구려는 얼음을 구하지 못할 개월 수가 짧을뿐더러 얼음의 주된 용도일 여름 더위도 심하지 않았다. 백제도 요서와 산동반도 일부가 영토였다면 오직 한반도 남동쪽에만 위치한 신라와는 다른 입장이었을 터다.

그러면 고려 때는 어땠을까? 『고려사』에는 얼음창고에 대한 직접적인 기록은 없다. 대신 얼음창고가 없이는 생각할 수 없는 기록이 있다. 고려 왕조는 봄부터 가을까지 정기적으로 얼음을 귀족들에게 나눠줬다. 일례로, 『고려사』 1049년 6월 27일 자에는 "해마다 6월부터 입추까지 얼음을 나누되 치사한 보신에게는 3일에 1차씩 주고, 복야, 상서, 경, 감, 대장군 이상에게는 7일에 1차씩 주어 이것을 영구한 제도로 삼으라"라고 쓰여 있다.

조선 왕조 또한 고려와 비슷한 방침을 갖고 있었다. 조선 시대 때 돌로 만들어진 얼음창고, 이른바 '석빙고'는 현재까지도 전해진다. 총 7개의 석빙고가 현존하는 바, 경주, 현풍, 영산, 안동, 창녕, 청도, 그리고 황해도 해주에 있다. 또 서울에 있었던 서빙고와 동빙고는 현재 동 이름으로도 사용된다. 동빙고는 원래는 현재의 동호대교 북단인 두모포에 있었다가 1504년 현재 위치로 옮겨졌다.

석빙고는 어떻게 얼음을 6개월 이상 녹지 않게 보관할 수 있었을까? 기본 원리는 단열에 있었다. 열은 기본적으로 세 가지 방식으로 전달된다. 고체를 통하는 전도, 물이나 공기 같은 유체를 통하는 대류, 그리고 전자기파 형태로 전달되는 복사의 세 가지다. 단열은 전도가 잘 안 되는 고체로써 열의 이동을 차단하는 경우다. 예를 들어, 아이스크림을 스티로폼으로 만든 상자에 넣으면 바깥 온도와 무관하게 잘 녹지 않는다. 스

경상남도 창녕에 위치한 석빙고

티로폼의 열전도율이 낮기 때문이다.

조선의 석빙고는 화강암으로 구조를 지탱하고 그 위에 진흙으로 덮은 이중 구조다. 화강암은 열전도율이 콘크리트의 두 배고 석회의 다섯 배에 달할 정도로 높아서 단열 효과는 별로 없다. 즉, 석빙고의 단열은 봉분처럼 아주 두껍게 쌓은 흙이 핵심이다. 서빙고 등은 화강암 대신 나무를 써서 단열 효과는 더 좋았지만 나무라 현재 남아 있지 않다.

석빙고에는 냉각 유지를 위한 몇 가지 고안이 더 들어가 있다. 창고를 반지하구조로 만들어 지표면보다 낮은 온도가 유지되도록 했고, 봉분 위쪽에 구멍을 뚫어 외부에서 열을 품은 공기가 유입되더라도 구멍을 통해 빠져나가도록 했다. 또 녹은 물이 잘 배수되도록 바닥에 5도 경사의 배수로를 만들었다.

사실 테크놀로지 관점에서 조선의 석빙고가 최고의 수준이었다고 얘기하기는 어렵다. 기원전 5세기에 페르시아의 엔지니어들은 이른바 증발

냉각의 원리를 이용하는 야크찰이라는 냉동창고를 만들었다. 야크찰은 외부에서 유입된 공기를 지하 수로와 접촉시켜 온도를 낮춘 후 이를 상부의 탑을 통해 빠르게 빼내어 여름에도 자체로 영하의 온도를 만들 수 있었다. 물론 한국의 석빙고는 동일 시기의 유럽보다는 여러모로 더 나은 장치였다.

왕조와 소수의 양반 사대부만이 혜택을 본 석빙고를 이 책에서 다루는 이유는 무엇일까? 조선 중기 이후로 일명 사빙고가 등장했기 때문이다. 위에서 얘기한 서빙고와 동빙고, 그리고 창덕궁에 있던 내빙고는 모두 조선 왕정이 직접 운영했다. 반면 사빙고는 민간인이 영리를 목적으로 짓고 얼음을 저장해 팔던 일종의 개인사업체였다.

사빙고의 얼음은 수산물을 얼음에 채워 운반하는 빙어선이나 생선전, 쇠고기를 파는 현방, 돼지고기를 파는 저육전 등에서 다량으로 소비했다. 사빙고의 총 얼음량은 약 3만 톤으로 서빙고, 동빙고, 내빙고를 합친 3천여 톤을 한참 초과했다. 사빙고는 주로 경강상인들이 운영했던 바, 강경환과 이영업이라는 양반이 경강상인에게 공동사업을 제안해 투자를 받은 뒤 이익을 빼돌린 사기 행각을 벌이고도 권력으로 무마한 기록도 전해진다.

물을 자아올려 농사에 요긴했으나 널리 쓰이지 못했던 수차

근대 서양에서 증기기관이 발명되기 전까지 동력을 제공하는 수단은 다음 셋 중 하나였다. 첫째, 사람, 둘째, 동물, 셋째, 흐르는 물과 바람 같은 자연이었다. 동력은 자동차를 움직이고, 기계를 돌리고, 비행기를 날게 하는 힘이다.

민간의 공업과 상업을 억누르고 오직 농사에 기반한 닫힌 사회를 꿈꿨던 조선 지배층에게 농사에 쓸 물의 안정적 공급은 너무나 중요한 문제였다. 여름철에 다량의 비가 내리는 한국 기후에서 물을 모으는 일은 어렵지 않았다. 하천이나 계곡에 보를 쌓아 저수지를 만들면 됐다.

보다 어려운 일은 모은 물을 끌어 올리는 일이었다. 사람이나 가축의 힘으로 옮길 수는 있어도 들이는 노력에 비해 성과가 얼마 나지 않았다. 유일하게 남은 가능성은 자연의 힘을 이용하는 경우였다.

풍차가 바람의 힘으로 돌아가는 바퀴라면 수차는 물의 힘으로 돌아가는 바퀴였다. 곡식을 빻는 방아의 공이는 사람 힘으로 찧기도 하지만 풍차나 수차에 연결되기도 했다. 수차의 회전운동을 공이의 왕복운동으로 바꾼 방아가 물레방아였다. 물레방아의 물은 흐르는 물, 레는 수레, 굴레처럼 바퀴를 뜻했다. 고대 한국에서 수차는 통상 물레방아를 가리켰다.

때로 수차는 물레방아가 아닌 다른 장치를 의미하기도 했다. 수차를 원동기로 삼아 물을 자아올리는 경우였다. 말 그대로 물을 자아올린다는 뜻에서 '무자위'라는 이름도 썼다. 한자로는 수차 대신 번차, 녹로, 길고, 취수 같은 이름도 사용되었다.

무자위로서 수차는 적어도 14세기 초반까지는 아직 한국에서 만들어지지 않은 듯하다. 수차의 필요성을 주장하는 가장 오래된 기록의 시점이 14세기 중반이기 때문이다. 요즘 같으면 내연기관이나 전기모터를 원동기로 삼아 양수 펌프를 돌리면 될 일이지만 이들의 발명 전에는 꿈 같은 일이었다.

『고려사』에 따르면 1362년 백문보가 공민왕에게 "중국 장강과 회수 일대의 백성이 농사를 지으면서 홍수와 가뭄에 대해 걱정하지 않는 것은 수차의 힘입니다. 우리 동방 사람은 논에 물을 댈 때 반드시 도랑으로 끌어들일 뿐이고 수차로 쉽게 물 대는 것을 알지 못합니다. 그러므로 밭 아래 도랑이 한 장 깊이도 되지 않는데

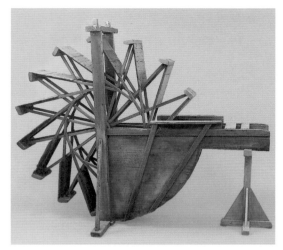

수차를 원동기로 삼아 물을 자아올렸던 무자위 모형

도 내려다보면서 감히 끌어올리지 못합니다. 그러한 까닭에 잡초 무성한 밭이 십중팔구입니다. 마땅히 계수관에게 명령하여 수차를 만들도록 하고 기술을 배워 민간에 전할 수 있다면, 이는 가뭄에 대비하고 황무지를 개간하는 한 방책이 될 것입니다"라고 건의하였다. 최소한 이 시기에 수차를 만들려는 노력이 있었으리라 짐작할 수 있다.

조선 왕조는 초기부터 수차의 제작과 실제 사용에 대해 관심을 보였다. 『태종실록』 1406년 12월 20일 자에 의하면 사헌부는 "백성에게 수차를 만들도록 권한 것은 한 마을에 몇 개씩이며, 관에서 만들어 나누어 준 것은 한 마을에 몇 개씩"인지를 물었다. 또 수차를 언급한 『조선왕조실록』의 마지막 기록인 『고종실록』 1899년 6월 23일 자에서 민영기는 "수차를 만든 본뜻은 그 기계를 이용하여 사람의 힘으로 끌어올릴 수 없는 저지대의 물을 끌어 올려서 높고 메마르고 넓은 황무지에 관개하여 백성

들에게 편리를 도모하고 나라에 이익을 주자는 것입니다"라고 했다. 위 둘을 포함하여 『조선왕조실록』에는 모두 54번의 수차에 대한 기록이 있었다.

조선의 임금 중 수차에 가장 큰 관심과 후원을 아끼지 않은 사람은 누구였을까? 여러분이 아마 짐작한 대로 이도, 즉 세종이다. 모두 16번의 기록이 있는 바, 그 최초는 『세종실록』 1429년 12월 3일 자였다. 일본에 다녀온 통신사 박서생이 "일본의 수차가 물을 타고 저절로 회전하면서 물을 퍼 올려 대고 있어, 우리나라에서 전년에 만들었던 수차인 인력으로 물을 대는 것과는 다른데, (중략) 청컨대 각 고을에 설치할 만한 곳에 이 모형에 따라 제작하여 관개의 편리에 돕도록 하소서"라고 건의하는 내용이다.

세종은 『세종실록』 1431년 5월 17일 자에서 "위로는 중국으로부터 아래로는 왜국에까지 모두 수차의 이익을 받는데, 어찌 우리나라에서만 행하지 못한단 말인가. (중략) 나는 반드시 성공시키고야 말 것이니 꼭 이 일을 맡을 만한 사람을 골라서 각 도에 나누어 보내도록 하라"라며 의지를 불태웠다. 이는 박서생의 모형에 따라 만든 수차가 물이 새어 관개할 수 없었다는 보고를 받고 난 후였다.

또 1437년 오치선을 시켜 자격수차를 만들어 시험하게도 하였다. 자격수차는 물의 힘에 의해 스스로 물을 퍼 올리는 이른바 '제무자위'였다. 이때는 장영실, 이천 등이 자동 물시계인 자격루를 만든 지 3년 후였다. 자격수차는 실패했다.

조선은 16세기 말부터 17세기 말까지 고난의 세월을 보냈다. 일본과 청의 침공을 받았고 또 세 차례에 걸친 대기근에 시달렸다. 특히 세 번째

였던 1695년부터 1699년까지의 일명 을병대기근 때는 왕조의 공식 기록으로만 약 141만 명이 굶어 죽는 일이 벌어졌다.

연구자들은 호적에 기록된 인구를 실제의 3분의 1 정도로 추정하기에 실제 사망자는 4백만 명에 달할 수 있었다. 당시 조선의 인구가 천4백만 명으로 추정되는 바 전체 인구의 30퍼센트가량이 굶어 죽었다는 참혹한 결과였다. 『숙종실록』 1697년 5월 3일 자는 "사람이 서로 잡아먹는 변고가 있기에 이르렀으니"라며 애통하게 적고 있다.

만약 조선이 수차 개발에 성공했었더라면 어땠을까? 17세기는 전 세계적으로 소빙하기가 덮쳤던 시기였다. 이로 인한 냉해와 가뭄 때문에 농사를 망쳐 대기근이 발생했다는 얘기다. 냉해를 수차로 해결할 방법은 없었겠지만, 가뭄 완화에는 조금이라도 도움이 되지 않았을까? 안타까움만 한가득 남을 뿐이다.

그렇다면 세종 다음으로 수차에 대한 기록을 많이 남긴 조선의 임금은 누구였을까? 역시 여러분 짐작대로 이산, 즉 정조다. 『정조실록』에는 모두 8번의 기록이 있다. 일례로, 『정조실록』 1795년 2월 18일 자는 수차 활용에 대한 이우형의 건의에 대해 "수차의 제도야말로 어찌 그 이익을 이루 다 헤아릴 수 있겠는가"라며 진지하게 답하는 기록이다.

특히 이때는 용미차라는 새로운 방식의 수차 개발이 시도되었다. 용미차는 아르키메데스의 나선식 펌프로서 긴 원통 속에 나사로 된 축이 있어 이를 손으로 돌려 물을 끌어 올리는 기계다. 서울시 성동구에 있는 서울숲 공원에 가면 아르키메데스의 나선식 펌프를 실제로 작동시켜 볼 수 있다. 용미차를 만들려는 시도는 있었지만 실제로 많이 사용되지는 않았다.

조선의 하늘을 나는 수레는 정말로 라이트 형제를 앞섰을까?

이번 절에서 이야기할 주제는 살짝 충격적이다. 처음 들으면 '설마?' 하고 속으로 되뇔 법하다. 16세기에 조선에서 유인비행체, 즉 사람이 타고 하늘을 나는 기계가 만들어졌다는 얘기라서다. 이게 말이 되는 얘기일까?

하늘을 나는 일은 인간의 오랜 꿈이었다. 그리스 신화의 이카로스는 그러한 꿈을 상징하는 인물이었다. 다이달로스는 미노스의 요청에 응해 황소 머리에 사람의 몸을 한 미노타우로스를 가둘 미궁 라비린토스를 만들었다. 이후 미노스의 미움을 산 다이달로스는 미노스의 시녀 나우크라테 사이에 낳은 아들 이카로스와 함께 라비린토스에 갇혔다.

다이달로스는 라비린토스를 탈출하기 위해 새의 깃털과 밀랍으로 날개를 두 쌍 만들어 이카로스와 함께 라비린토스를 탈출했다. 단, 주의할 점이 있었다. 밀랍으로 붙였기에 태양 가까이 올라가면 날개가 녹아 떨어졌다. 다이달로스의 경고에도 불구하고 이카로스는 너무 높이 올라갔다가 결국 땅에 떨어져 죽었다. 이카로스 이후 하늘을 날려고 시도하다가 적지 않은 사람이 죽거나 다쳤다.

1783년 프랑스의 조제프-미셸 몽골피에와 자크-에티엔 몽골피에가 만든 열기구는 두 명을 태우고 약 900미터 고도의 파리 상공에서 25분간 9킬로미터를 비행했다. 장작을 태운 불로 기구 내의 공기를 데우면 실제로 사람이 하늘을 날 수 있다는 증거였다. 몽골피에 형제가 만든 열기구의 비행은 많은 사람이 현장에서 목격했다.

비행기의 역사에서 중요한 족적을 남긴 또 다른 사람으로 오토 릴리엔

탈이 있다. 릴리엔탈은 1891년 사람이 올라타 바람에 의지해 활강할 수 있는 글라이더를 만들었다. 릴리엔탈의 글라이더는 동력을 제공하는 엔진이 없다는 점만 빼면 현대적 의미의 비행기와 다르지 않았다.

1783년 프랑스의 몽골피에 형제가 만든 열기구

그는 자신이 만든 글라이더의 시험비행을 2천 회 이상 직접 수행하다가 1896년 추락 사고로 숨겼다.

사람이 조종하고 엔진을 가진 세계 최초의 고정날개 비행기는 1903년에 만들어졌다. 미국의 자전거 수리공인 윌버 라이트와 오빌 라이트는 릴리엔탈에 버금가는 무수한 시제기 제작과 목숨을 건 시험비행 끝에 결국 12월 17일 59초 동안 260미터를 비행하는 데 성공했다. 라이트 형제의 이 날 비행은 다섯 명이 지켜봤다.

방금 전까지의 이야기가 공식적인 비행기의 역사다. 어디에도 조선에서 유인비행체가 만들어졌다는 이야기는 없다. 이제 그 이야기를 해보자.

1781년에 죽은 신경준의 『여암유고』에는 "우리나라의 경우 홍무 연간에 왜구가 영읍을 포위하자 어떤 은자가 읍의 수령에게 이 거법을 가르쳐 주어 성에 올라가서 쏘아 올려 한 번에 30리를 가게 하였다. 이것 역시 비거의 일종이다"라는 기록이 있다. 비거는 '하늘을 나는 수레'니 곧

1903년 미국의 라이트 형제는 세계 최초로 고정날개 비행에 성공했다.

유인비행체다. 홍무 연간이란 1368년부터 1398년까지 주원장이 명의 임금으로 있던 때를 말한다. 조선이 1392년에 건국됐으니 고려 말에서 조선 초의 시기에 비거가 있었다는 얘기다.

　비거가 등장하는 그다음의 기록은 1856년에 죽은 이규경의 『오주연문장전산고』다. 『오주연문장전산고』의 비거변증설이라는 단원에는 비거에 관한 동서양의 역사가 상세히 언급되고 있다. 특히 이규경이 언급한 문헌 중에는 정약용이 거중기를 만들 때 참조했던 요하네스 슈렉의 『기기도설』도 있다. 한국의 비거를 언급한 부분은 다음과 같다.

　　어떤 이가 말하기를 일찍이 원주 사람이 소장하고 있던 책을 보았는데, 풀 종류로 만든 비거로서 네 사람을 태웠고 고니 형태로 만들어져 배를 두드려 바람을 일으키면 공중으로 떠올라 백 장이나 날아갈 수 있었다. (중략) 전주 사람인 김시양이 말하기를 논산에 윤달주라는 사람이 있는

데 명재의 후예로서 교묘한 기기를 잘 만든다. 이 사람 또한 비거를 갖고 있다. 그러나 그처럼 신비한 것을 보지 못하였으니 자세히 알 길이 없다.

거리로서 한 장은 3미터에 해당하니 백 장은 300미터의 거리다. 위 김시양을 1581년에 태어나 병조판서를 지내고 1643년에 죽은 사람으로 설명하는 경우가 많다. 호가 명재였던 윤증이 1629년에 태어나 1714년에 죽었으니 방금 전 김시양이 자기보다 나중에 죽은 윤증의 후손을 언급할 방법은 없다. 즉, 이규경이 실수하지 않았다면 위 김시양이 병조판서였던 김시양과 별개의 인물이어야 한다.

인터넷에서는 비거를 임진왜란 때 정평구가 만든 비행체로 설명하곤 한다. 방금 전까지 살펴본 대로 『여암유고』와 『오주연문장전산고』 어디에도 정평구라는 사람은 언급되지 않는다. 정평구가 비거를 만들었다는 기록은 1923년 권덕규가 쓴 『조선어문경위』가 유일하다.

사실 『조선어문경위』는 기계에 대한 책은 아니고 일제시대 때 한국어 문법 및 한국어사를 가르치려고 만든 책이다. "정평구는 조선의 비거 발명가로 임진난 때 진주성이 위태로울 때 비거로 친구를 구출해 삼십 리 밖에 내렸다"라는 기록이다. 임진왜란으로부터 300여 년이 지난 후의 서술이라 전적으로 신뢰하기에는 한계가 있다.

권덕규가 방금 전 같은 글을 쓴 배경에는 동아일보가 1921년 7월에 실은 '신비행가 안창남 동경 소율비행학교 조교수, 금년 이십 세의 조선청년'이라는 제목의 기사와 1922년 12월에 주최한 '안창남 모국방문 대비행회'가 있었다. 1919년 3·1운동 실패로 의기소침해진 한국인의 자긍심을 높이려던 생각에 민간에서 전승되던 얘기를 썼으리라 짐작할 수 있다.

또한, 일본의 임진왜란 때 기록인 『왜사기』에 비거가 나온다는 인터넷 상의 얘기는 착오 정보일 가능성이 크다. 야후 재팬을 비롯해 어떠한 검색에서도 『왜사기』라는 책이 확인되지 않기 때문이다.

그러면 비거는 전적으로 허무맹랑한 이야기일까? 그렇게 결론 내리기도 쉽지 않다. 위 기록과 별개로 비거를 다룬 기록이 중국과 일본 등에 있기 때문이다. 기원전 2세기로 추정되는 『산해경』 이래로 다양한 중국 문헌에 비거가 등장한다. 비거를 일종의 글라이더나 열기구로 추정한다면 조선에서 비거를 만들었다는 게 전혀 불가능한 일은 아니다.

또한, 다른 방식의 비거도 역사상 존재했다. 예를 들어, 317년 동진의 갈홍은 『포박자』에서 "어떤 사람은 소가죽을 꼬아 날개를 회전시켜 움직이게 하는 비거를 만들었다"라고 썼다. 이는 헬리콥터의 조상이라고 할 수 있는 죽청정, 즉 대나무 잠자리다. 또 다른 가능성으로 사람이 탈 수 있는 연도 있었다. 일례로, 16세기에 이시카와 고에몬은 나고야성 지붕을 장식하던 물고기 금비늘을 연을 타고 날아들어 훔쳤다.

어떤 형태였든 간에 조선 때 비거가 만들어졌을 가능성을 지레 포기할 이유는 없다.

【 2부 】
무기와 국방

5
고구려군 전투력의 근간을 이루었던
철제 무기와 활

중국은 역사적으로 한국에게 만만치 않은 존재였다. 과거 중국에 대한 고대 한국인의 태도는 두 가지로 나뉘었다. 하나는 중국을 감히 넘볼 수 없는 존재로 인식하는 쪽이었다. 국력과 문물 어느 면으로도 상대가 되지 못하니 변방의 소국인 한국은 그저 대국의 심기를 거스르지 않도록 해야 한다는 입장이었다. 이러한 입장은 오늘날에도 대상과 형태를 달리하여 여전히 유지되고 있다.

다른 하나는 스스로 중국과 대등하다고 여기는 쪽이었다. 중국인을 비롯해 이민족을 멸시할 이유는 없지만 그렇다고 섬겨야 할 대상으로 보지도 않았다. 영토를 두고 전쟁을 벌이기도 하고 또 침략을 받으면 전력을 다해 물리치기도 하지만, 동시에 상호 간의 이익을 위해 인적, 물적으로 교류하는 관계를 추구했다. 타민족의 힘이 너무 강할 때는 겉으로는 그들이 원하는 명분을 챙겨주면서 속으로 실리를 챙기는 현명함도 잃지 않았다.

고대와 중세 한국 중 후자를 대표하는 나라를 하나 뽑는다면 어디일까? 여러 나라가 후보가 될 수 있겠지만 가장 어울리는 국가는 고구려였다. 고구려가 중국과 어떤 관계였는지를 잘 보여주는 시기로 2세기 말부터 3세기 전반을 들 수 있다. 당시 중국은 후한 말기였다. 보다 쉽게 설명하면 『삼국지』로 유명한 위, 촉, 오가 서로 대립하던 때였다.

위, 촉, 오의 등장과 고구려의 활동을 연결짓기에 앞서 약간의 배경 설명을 먼저 하자. 기원전 3세기 중국을 통일한 유방의 한은 기원전 108년 위만조선을 멸망시킬 정도로 전성기를 누렸다. 한은 고조선 영토의 일부에 4군을 설치하여 직접 지배했다. 달이 차면 기우는 법, 한은 기원후 8년 왕망이 건국한 신에 의해 멸망했다.

기원전 37년 고주몽은 옛 고조선 땅에서 고구려를 건국했다. 『삼국사기』에 의하면, 기원후 12년 요서를 지키던 전담이 죽자 왕망은 고구려의 두 번째 왕 고유리에게 책임을 물었다. 신의 엄우는 "지금 함부로 큰 죄를 씌우면, 그들이 결국 배반할까 염려됩니다. [배반이 일어나면] 부여의 족속 중에 반드시 부응하는 자들이 있을 것이니, 흉노를 아직 이기지 못하였는데, 부여와 예맥이 다시 일어난다면 이는 큰 근심거리입니다"라며 말렸지만 왕망은 듣지 않았다.

『한서』는 이때 왕망이 "고구려라는 국호를 하구려로 바꾸었다"라고 전한다. '높을 고'자를 '아래 하'자로 바꿔 불렀다는 얘기다. 유치한 품성의 왕망이 지배하던 신은 고작 15년 버티고 23년에 멸망했다. 중국은 다시 유방의 9대손인 유수가 25년에 재건한 한, 일명 후한의 차지가 되었다.

고구려는 후한의 지배지역을 끊임없이 공격하고 주변의 작은 고조선 후속국들을 흡수함과 동시에 필요하다면 후한과 다시 외교 관계 맺는 일도 주저하지 않았다. 예를 들어, 32년 고구려가 사신을 보내자 후한은 대무신왕 고무휼의 칭호를 제후에서 왕으로 바꿨다. 한편, 49년 고구려는 후한의 북평, 어양, 상곡, 태원을 습격했다. 이들은 각각 현재의 요하 중상류, 북경 동북방과 서북방, 산서성에 해당한다. 방금 전 언급한 지역들이 얼마나 중국 깊숙이 위치한 지역인지 확인해볼 만하다. 또 105년 후한의 요동으로 들어가 여섯 현을 약탈했다가도 109년 후한 안제의 성인식을 축하한다며 정탐을 목적으로 사신을 보내기도 했다.

184년 장각 등이 이끄는 황건의 난이 일어나면서 후한은 각 지방의 군웅들이 세력을 다투는 껍데기 국가가 되었다. 같은 해 공격해 온 요동태수 휘하의 후한 군대를 고국천왕 고남무가 좌원에서 정예 기병으로써 괴멸시켰다. 12년 전인 172년에도 고구려는 좌원에서 후한군의 대규모 공격을 물리친 적이 있었다. 이제 후한은 고구려에게 만만한 존재였다.

189년 후한의 영제 유굉이 죽고 유변이 뒤를 이었다. 동탁은 유변을 끌어내린 후 유협을 헌제로 삼았다. 190년 발해태수 원소는 이른바 반동탁 연합군 결성을 이끌었다. 중원으로부터 먼 지역에 근거한 인물 중에는 동탁군과 반동탁군 어느 쪽에도 가담하지 않고 독자 세력으로 독립한 이들이 있었다. 서량의 마등과 한수, 익주의 유언, 유주의 공손찬, 요동의 공손탁 등이 대표적이었다.

197년 양주에 자리를 잡은 원소의 사촌 원술은 스스로 황제를 칭하며 서주와 예주를 차례로 공격했다가 여포, 조조, 손책, 유비의 합동 공격에 대패했다. 『삼국사기』는 같은 해 "중국에서 큰 난리가 일어나 후한에서 난리를 피하여 투항해 오는 자가 매우 많았다"라고 설명한다. 또한, 그 해에 요동태수 공손탁은 산상왕 고연우의 형 고발기에게 3만 명을 주어 고구려를 치게 했지만 고구려군은 후한군을 쉽게 물리쳤다.

조조는 216년 스스로 위왕이라 칭하고 217년 4월 천자의 깃발을 다는 등 황제의 위세를 행사했다. 그래서였을까, 『삼국사기』에는 217년 8월 "후한의 평주 사람 하요가 백성 1천여 가를 데리고 투항해 오니 왕이 이들을 받아들여 책성에 안치하였다"라는 기록이 나온다. 평주는 공손탁의 아들인 공손강이 지배하던 지역이다.

조조가 220년에 죽자 조조의 셋째 아들 조비는 위의 황제를 칭했다. 촉의 유비와 오의 손권 역시 질 수 없다는 듯이 각각 221년과 229년에 황제를 칭했다. 제갈량의 계책대로 위, 촉, 오로 3등분된 중국은 자신들끼리 치열한 전쟁을 벌였다. 고구려에게 하나로 통일된 후한보다 셋으로 쪼개진 삼국 쪽이 상대하기 편함은 당연했다. 유비는 223년에 죽었다.

229년 손권은 장강과 관독을 요동의 공손연에게 보내 외교 관계를 맺고자 시도했다. 232년 공손강의 아들인 공손연은 숙서와 손종을 손권에게 보내 오의 번국이 되겠다는 뜻을 비쳤다. 233년 손권은 장미, 허안 등이 이끄는 400명의 사신단과 1만 명의 군대를 요동에 파견했다.

위와 오 사이에서 저울질하던 공손연은 곧바로 오를 배신하기로 결심했다. 오군을 기습해 큰 피해를 입히고 장미와 허안의 목을 잘라 조예에게 보냈다. 오의 사신 중 진단과 황광은 고구려로 도망쳐 도움을 청했다. 동천왕 고교체는 담비가죽 천 장과 꿩 가죽 열 장을 호의로 손권에게 보내줬다. 공손연과 위를 견제하는 데 오가 도움이 될 수 있다고 생각한 듯하다.

이제 머리가 복잡해진 쪽은 위의 조예였다. 위는 이미 촉과 오를 상대로 두 개의 정면에서 전쟁을 치르고 있었다. 거기에 배후의 고구려가 오와 함께 공격해오면 완전히 포위당하는 형국이었다. 불안해진 조예는 먼저 고구려에게 손을 내밀었다. 『삼국사기』는 234년 "위가 사신을 보내 화친하였다"라고 적고 있다.

234년은 여러모로 중요한 해였다. 그해 손권이 고구려에 보낸 사굉과 진순은 엉뚱하게도 고구려 관리 30여 명을 인질로 잡았다. 위의 유주자사가 동천왕에게 공손연처럼 오의 사신을 죽이라는 전갈을 보내 왔던 바, 지레 겁을 먹은 사굉과 진순이 범한 외교적 무례였다. 또 8월에는 5차 북벌에 나섰던 촉의 제갈량이 오장원에서 숨졌고, 동시에 합비를 공격했던 손권, 육손, 제갈근의 10만 병력도 위의 만총과 전예에게 패해 소득 없이 물러났다.

236년 동천왕은 오가 위의 상대가 되기에 부족하다고 결정했다. 독립국으로 행세하던 공손연을 밀어버리는 쪽이 낫겠다는 생각이었다. 『삼국사기』는 "2월에 오왕 손권이 사신 호위를 보내 사이좋게 지내기를 청하였다. 왕은 그 사신을 잡아 두었다가 7월에 이르러 목을 베어 머리를 위에 보냈다"라고 전한다.

고구려의 외교적 제스처에 조예는 요동의 공손연을 해치우기로 결심했다. 237년 조예는 남쪽의 형주자사 관구검을 유주자사로 임명하며 공손연에 대한 공격에 나섰다. 공손연은 오환족과 선비족까지 동원한 관구검의 공격을 어렵지 않게 물리쳤다.

공손연이 쉬운 상대가 아니라고 판단한 조예는 두 가지 조치를 취했다. 하나는 제갈량과 치열하게 싸웠던 사마의를 4만 병력과 함께 요동 공격에 투입했다. 다른 하나는 고구려에게 거병을 청했다. 고구려군이 공손연을 공격한다면 동과 서에서 협공하는 형국이 될 터였다. 238년 공손연은 양면 공격을 버티지 못하고 결국 토벌되었다. 『삼국사기』는 이때를 두고 "위의 태부 사마선왕이 무리를 거느리고 공손연을 토벌하니 왕이 주부와 대가를 보내 병사 천 명을 거느리고 이를 돕게 하였다"라고 썼다.

고구려는 위를 그렇게 두려워하지 않았다. 239년 조예가 죽자 조예의 양자 조방이 아홉 살에 뒤를 이었다. 동천왕은 영토를 되찾기 위한 행동에 나섰다. 『삼국지』는 242년 "궁이 서안평을 침입하였다"라고 쓰고 있다. 궁은 동천왕을 지칭하는 말이다. 『삼국사기』는 "왕이 장수를 보내 요동 서안평을 습격하여 격파하였다"라고 전한다.

244년 위의 관구검은 고구려를 침공했지만 별다른 전과 없이 후퇴했다. 관구검은 재차 공격했는데 『삼국사기』는 이를 두고 "246년 8월에 위가 유주자사 관구검을 보내 만 명을 거느리고 현도로부터 침략해왔다. 왕이 보병과 기병 2만 명을 거느리고 비류수에서 싸워 패배시키니 베어버린 머리가 3천여 급이었다. 또 병력을 이끌고 다시 양맥의 골짜기에서 싸워 또 패배시켰는데 목을 베거나 사로잡은 것이 3천여 명이었다"라고 기록했다.

동천왕은 "위의 대병력이 도리어 우리의 적은 병력보다 못하고, 관구검이란 자는 위의 명장이지만 오늘은 목숨이 내 손 안에 있구나"라며, 철기 5천 명을 거느리고 나아가 공격했다. 방심했던 탓인지 관구검의 방진을 뚫지 못하고 오히려 1만8천 명을 잃고 대패했다. 현도태수 왕기가 추격해 왔지만 고구려군에게 세 갈래 길로 역습당해 결국 낙랑에서 퇴각했다.

249년 위의 모든 실권은 사마의 일가의 차지가 되었다. 259년 위의 위

지해가 병사를 이끌고 고구려에 쳐들어왔다. 『삼국사기』는 "왕이 정예 기병 5천 명을 선발하여 양맥 골짜기에서 싸워서 이를 물리쳤는데, 베어버린 머리가 8천여 급이었다"라고 전한다.

위는 사마의의 손자 사마염에게 265년에 멸망되었다. 유선의 촉은 이미 263년에 위에 흡수되었다. 280년 손권의 손자 손호의 오도 사라졌다. 고구려는 이후로도 수백 년을 건재했다.

요동반도 남부의 철광으로 최고의 철제 무기를 만들다

후한군을 물리쳤고 위군을 맞상대한 고구려군의 전투력은 어디에서 비롯된 걸까? 군대의 전투력은 여러 요소가 합쳐진 결과기에 어느 하나만을 이야기하기는 섣부르다. 그럼에도 불구하고 다음 사항을 빼놓고 고구려군의 전투력을 설명할 길은 없다. 바로 고구려군의 철제 무기다.

철(鐵)의 한자를 풀어 보면 '쇠 금'에 '검을 철'을 합친 글자다. 쉽게 말해 철은 '검은 금속'이다. 철은 청동의 주재료인 구리보다 녹는 온도가 더 높다. 좀 더 정확히 말해, 순수한 구리가 섭씨 1,084.5도에서 녹는 데 반해 순수한 철은 그보다 400도 이상 높은 섭씨 1,535도에서 녹는다.

철의 제련은 청동보다 더 높은 온도에서 이루어지는 만큼 더 높은 수준의 테크놀로지를 필요로 했다. 일부에서는 '검을 철'을 분해하여 '(제련을) 시작할 때 샤먼이 행하는 제사'로 풀기도 한다. 온도를 더 높이려다가 가마가 터지는 등의 사고로 죽기도 했기 때문이다.

121년 후한의 허신은 『설문해자』를 펴냈다. 『설문해자』는 당시 통용되던 9,353자의 모든 한자를 해설한 사전이다. 『설문해자』에 의하면 당시 쓰이던 원래의 철(銕)은 지금의 철(鐵)과 다르다. 본래의 철은 '쇠 금'에 '동쪽 민족 이'로 구성되었다. 한마디로 '동쪽 민족의 금'이다. 중국의 한족 입장에서 동쪽 민족이 누구를 가리킬지는 여러분도 이제 잘 안다.

길림성 집안시에 있는 고구려 시대의 오회분에는 쇠를 망치로 담금질하는 신이 그려져 있다.

고구려인은 철을 사랑하는 사람들이었다. 길림성 집안시에 있는 6세기의 고구려 무덤, 일명 오회분의 4호묘 북실 벽면에는 벌겋게 달궈진 쇠를 망치로 담금질하는 신이 그려져 있다. 이른바 '대장장이 신'이다. 또 바로 옆에는 '철제 수레바퀴를 만드는 신'도 그려져 있다. 고구려인의 철 경외를 상징하는 두 신은 5호묘 현실 천장에도 등장한다. 철과 관련된 신을 숭배하는 문화는 동양에서 고구려가 유일하다.

고구려인은 철로 다양한 무기를 만들었다. 황해도 안악군에서 발견된 안악 3호분에는 고구려군을 묘사한 벽화가 그려져 있다. 안악 3호분은 조사결과 357년에 지어진 무덤으로 확인되었다. 무덤의 주인이 누구인지에 대해서는 이견이 있으나 당시 고구려군의 겉모습을 확인하는 데에는 아무런 지장이 없다.

이에 의하면 고구려군에는 모와 방패로 무장한 창수, 손잡이 끝에 둥근 고리가 있는 환도를 지닌 환도수, 도끼를 든 부월수, 활로 무장한 궁

황해도 안악군에 있는 안악 3호분에는 고구려군을 묘사한 벽화가 그려져 있다.

수, 말을 탄 기병 등이 모두 있었다. 기병도 다른 고분벽화에서 확인된 내용까지 포함하면 갑옷으로 중무장한 중창기병과 갑옷을 입지 않고 창만 든 경창기병, 그리고 경무장한 궁기병 등이 각각 존재했다.

기본적으로 고구려군의 주력은 기병이었다. 고구려는 초원 지대를 영토로 갖고 있었기에 다수의 말을 사육할 수 있었다. 말이 부족했던 오의 손권이 손을 벌릴 정도로 고구려는 말이 풍족했다. 기병을 주력으로 하는 고구려군의 편제는 한족의 군대는 말할 필요도 없고 다른 기마민족도 제압이 가능한 성격을 지녔다. 『삼국사기』에는 고구려군이 기병을 동원해 전투한 기록이 모두 여덟 차례 나온다.

그중에서도 철제 갑옷과 무기로 중무장한 중기병의 명성이 높았다. 이들은 일명 '개마무사'라는 이름으로 불렸다. 개마라는 이름은 현재의 개마고원 근처에 존재했던 개마국에서 유래된 것으로 추정된다. 『삼국사기』에 의하면 26년 대무신왕 고무휼이 "친히 개마국을 정벌하여 그 왕을 죽이고 백성들을 위로하여 편안케 하였다. (개마국을) 노략질하지 못하게 하고, 단지 그 땅을 군현으로 삼았다"라는 기록이 있다.

개마무사는 투구부터 상체, 팔, 다리까지 모두 철로 만든 갑옷으로 온몸을 보호했다. 뿐만 아니라 개마무사가 탄 말도 얼굴과 몸통을 모두 철갑으로 가렸다. 말이 쓰는 투구를 가리켜 마면 혹은 마주라고도 부른다.

사실 철갑옷과 마면이 고구려만 가진 방어무기는 아니었다. 예를 들어, 부여나 신라, 가야 등에서도 철갑옷은 제작되었다. 특히, 철광이 풍부했던

복원된 고구려 시대 개마무사의 철갑옷

가야는 고구려처럼 철갑 마면도 만들어 사용했다.

고구려와 다른 나라의 커다란 차이점은 철갑옷의 방식이었다. 신라나 가야의 철갑옷은 판갑이라 하여 가슴과 등 부분이 얇은 통철판으로 구성되었다. 그에 비해 고구려의 철갑옷은 이른바 미늘갑옷 혹은 찰갑이었다. 미늘 모양으로 자른 얇은 개별 철판을 소찰이라고 부른 바, 그러한 소찰을 가죽끈 등으로 연결한 갑옷이 미늘갑옷이다. 미늘갑옷은 고조선을 포함하여 아시아의 기마민족이 즐겨 사용하던 방식이었다.

미늘갑옷은 판갑에 비해 조금 더 무겁다는 단점이 있었다. 반면, 판갑에 비해 갑옷을 입은 사람의 움직임이 더 자유롭다는 장점이 있었다. 걸

어 다니는 보병에게 갑옷 무게의 증가는 큰 문제였지만 말을 탄 기병에게는 그렇게 큰 문제는 아니었다. 오히려 아래 설명처럼 개마무사의 공격 방식과 결합되면 돌격의 운동량을 증가시킬 여지도 있었다.

개마무사의 주무기는 삭이라고 불리는 특별히 긴 창이었다. 삭은 길이가 4미터가 넘고 무게도 6킬로그램 이상으로 무거웠다. 철갑으로 도배한 기수와 말이 시속 40킬로미터 이상의 속도로 달려와 삭으로 부딪칠 때의 충격은 어떠한 군대도 막아내기가 쉽지 않았다.

이외에도 개마무사는 적병을 위압하는 요소를 여럿 갖고 있었다. 일례로, 바닥에 날카로운 쇠징이 다수 박힌 놋쇠로 만든 신발을 덧신었다. 이는 말에 탄 채로 적 보병과 근접전을 벌일 시 요긴한 무기였다. 또 『일본서기』에 의하면 고구려군은 범 꼬리를 머리에 꽂았다. 실제로 평안남도 남포시 덕흥리 고분벽화의 개마무사 투구에는 기다란 장식이 꽂혀 있다.

246년 동천왕이 위의 관구검군을 맞아 "철기 5천 명을 거느리고" 나아가 싸웠다는 『삼국사기』 기록의 철기는 '철제 갑옷을 입은 기병', 즉 개마무사를 지칭했다. 당시 고구려군 병력 2만 명 중 5천 명이 개마무사일 정도로 그 비중이 컸다. 비록 마지막에 방심하다 큰 피해를 봤지만, 그전의 두 차례 승리와 이후 고구려군의 승전에서 개마무사의 전투력은 늘 중요한 요소였다.

고조선과 고구려의 영토는 기본적으로 철이 풍부한 지역이었다. 그런데다가 요동반도의 안산 등을 완전히 장악한 4세기 이후로 고구려는 철 생산량이 더욱 늘었다. 현재의 요녕성 요양과 대련 사이에 위치한 안산은 일본제국이 1918년 굴지의 안산제철소를 세울 정도로 철 매장량이 많은 곳이다. 자체 수요를 채우고도 남는 철이 많았던 고구려는 주변국에 철제품을 수출하기도 했다.

수의 양광을 몰락시키고 당의 이세민을 무릎 꿇렸던 맥궁

고구려군의 전투력을 상징하는 또 다른 무기는 바로 활이었다. 활은 고조선 이래로 중국의 한족이 두려워하던 고대 한국을 상징하는 무기였다. 고대 한국을 가리키는 동이(東夷)는 글자 그대로 '동쪽의 이민족'이다. 동이의 이(夷)는 앞에 나왔던 '동쪽 민족 이'다. '동쪽 민족 이'는 '큰 대'와 '활 궁'이 합쳐진 글자다. 우리를 지칭하는 한자가 '큰 활'일 정도니 말 다 했다.

고조선의 활은 호시와 석노로 대변되었다. 싸리나무로 만든 호시는 탄력이 뛰어나 남방에서 많이 쓴 대나무 화살보다 우수한 화살로 간주되었다. 석노는 유독 관통력이 강한 흑요석 화살촉을 의미했다. 화산 폭발로 생겨 신비한 검은 색을 띠는 흑요석은 갈아 놓은 금속보다도 날카로운 절삭력을 가졌다. 백두산 동남 사면은 우랄산맥에서 오호츠크해에 이르는 유라시아 대륙에서 유일했던 흑요석 산지였다.

고구려는 나라를 세운 시조가 어려서부터 활로 이름을 날릴 정도로 활의 나라였다. 『삼국유사』에 의하면 천제의 아들을 칭하는 해모수와 하백의 딸 유화 사이에 낳은 아이는 "겨우 일곱 살에 뛰어나게 숙성하여 제 손으로 활과 살을 만들어 1백 번 쏘면 1백 번 맞혔다"라고 전한다. 유화를 보살펴 준 동부여의 풍속에 활 잘 쏘는 자를 주몽이라 불렀기에 아이의 이름이 주몽이 되었다.

위의 신화는 단군의 성을 추측하게도 해 준다. 환웅이 연상되는 천제의 아들 해모수가 해씨일뿐더러 고조선에서 떨어져 나온 북부여의 왕인 해부루가 동부여의 왕이 되었고 해부루가 죽은 후 "금와가 왕위를 이었다"라고 나오기 때문이다. 즉, 단군의 직계 후손은 해씨고 유화를 보살펴 준 동부여의 왕 금와는 해금와일 터다. 주몽도 원래는 해주몽이었던 바, 햇빛을 받고 태어나 높다는 의미에서 '높을 고'를 스스로 성으로 삼았다고 『삼국유사』는 설명한다.

고조선과 고구려가 활로 유명했음은 단순히 우리만의 주장이 아니라 중국 역사서가 인정하는 사실이다. 『삼국지』위서 동이전 고구려조에는 "고구려 부족 중 소수 근방에 자리 잡은 부족을 소수맥이라 칭한다. 소수맥이 좋은 활을 만드는데, 이름하여 '맥궁'이라고 부른다"라는 기록이 나온다. 또 예에 대하여 "낙랑의 단궁이 이 땅에서 나온다"라고 썼다. 단궁은 박달나무로 만든 활이다.

고구려를 대표하는 활 맥궁에는 여러 테크놀로지가 녹아 있었다. 먼저 맥궁은 이른바 각궁이었다. 보통의 활이 단궁처럼 나무로 만들었다면 각궁은 동물의 뿔을 나무에 덧대어 만들었다. 주로 물소 뿔이 사용되었다. 뿔의 탄성이 나무보다 크기에 일반 목궁보다 화살을 더 세게 날릴 수 있었다.

또한, 맥궁은 이른바 만궁이었다. 만궁이란 시위를 풀었을 때 활이 거꾸로 뒤집히는 활이다. 휘어져 있는 만궁을 반대 방향으로 힘을 주어 시위를 거는 만큼 더 큰 탄성에너지를 활에 저장할 수 있다.

맥궁의 위력에서 사용된 재료인 뿔의 비중은 컸다. 한반도에서 키우는 오늘날 한우를 상상하면 짧은 뿔로 무엇을 할 수 있을까 싶다. 간과하기 쉬운 사실은 만주 지방의 소가 한우보다 뿔이 길다는 점이다. 예를 들어, 네팔이나 티베트, 운남, 사천 등에 사는 야크는 몽골이나 시베리아에서도 살았다.

또 무역에 능했던 고구려는 말과 동물 가죽을 수출하면서 아시아 남부에 주로 살던 물소를 수입했

중국 길림성 집안현에 위치한 고구려 시대의 무용총에는 활로 수렵하는 모습이 그려져 있다.

다. 또 만주나 몽골 등에 살던 산양이나 사슴의 뿔도 사용했다. 353년에 건축된 평양의 한 무덤에서는 뼈로 만들어진 활 유물도 출토되었다. 맥궁의 성능을 높이고 생산량을 늘리기 위한 엔지니어링 시도가 이루어졌다는 의미다.

각궁은 단지 뿔만 있으면 저절로 되는 무기가 아니었다. 접합을 위한 접착제의 제조와 불에 달궈 만궁을 만드는 방법과 소 힘줄로 활의 인장력을 높이는 구조 등을 개발해야 만들 수 있는 활이었다.

기원후 한족이 중국을 통일한 경우는 모두 세 번이다. 양견의 수, 이연의 당, 주원장의 명이다. 589년에 남중국의 동진을 멸망시킨 양견(문제)은 597년 영양왕 고원에게 신하의 예를 갖추라는 모욕적인 편지를 보냈다. 고구려는 598년 강이식의 5만 병력으로 수의 임유관을 선제공격했다. 수 문제는 30만 병력으로 반격했지만 대패해 물러났다.

604년 수 문제가 죽자 그 아들 양광(양제)이 612년부터 614년까지 세 번에 걸쳐 고구려를 침공했다. 특히 1차 침공군 약 114만 명은 이후로도

유례가 없는 대규모 병력이었다. 을지문덕과 고건무 등이 지휘한 고구려 군은 수십만 명 이상의 수 침공군을 섬멸했다. 2차와 3차에서도 별다른 전과 없이 후퇴했던 수는 각지에서 반란이 일어나 618년에 멸망했다. 고구려를 상대로 무리한 전쟁을 벌인 끝에 망했다는 얘기다.

한족은 수, 당, 명 중 당을 제일 자랑스러워 한다. 특히 아버지 이연(고조)과 함께 당을 세우고 주변을 복속한 당의 두 번째 임금 이세민(태종)을 성군으로 여긴다. 645년 이세민은 30만 명 이상의 병력으로 친히 고구려 공격에 나섰다. 이세민은 요동성을 비롯해 성 넷을 함락하고 주필산 전투에서 15만 명의 고구려군을 패배시키는 등 전과를 거두었지만, 신성, 건안성, 안시성에 막히면서 결국 큰 피해를 입은 채로 후퇴했다. 이세민은 649년 죽었다.

즉, 수의 백만 대군과 한족 최고의 성군이라는 이세민을 패배시킨 나라가 고구려였다. 맥궁이 수와 당을 상대로 한 고구려의 전쟁에서, 특히 공성 방어전에서 진가를 발휘했음은 물론이다.

여담이지만 이성계의 조선도 각궁을 중요하게 여기기는 마찬가지였다. 문제는 조선은 야크가 사는 만주도 없고 물소를 수입할 무역도 없었다는 점이었다. 조선 왕조는 명에게 물소를 받아 직접 길러보자는 생각을 했다. 예를 들어, 『세종실록』 1428년 11월 19일 자와 『문종실록』 1450년 8월 11일 자 등에 그러한 기록이 나온다. 후자의 경우, 물소 암수 20마리를 바다 섬에서 기를 수 있도록 명에게 간청하는 내용이었다. 명은 들은 척만 했다.

6
동아시아에서 적수가 없었던
고려와 조선 수군의 군선

건국 때부터 후백제와 신라를 동시에 상대해야 했던 고려는 한 가지 전략적 이점을 가지고 있었다. 바로 가장 강했던 수군이었다. 장보고를 암살한 데다가 851년 청해진을 아예 없애고 그곳 주민을 현재의 전라북도 김제에 해당하는 벽골군으로 이주시킨 신라는 수군이 유명무실했다. 후백제도 903년 자신의 수군 본거지인 영산강 하구의 금성을 왕건의 수군에게 빼앗길 정도로 약체였다. 금성을 오늘날 지명인 나주로 바꾼 장본인이 왕건이었다.

고려의 수군이 강력했던 원인은 크게 두 가지였다. 첫째로 왕건 본인이 예성강에 기반한 세력의 일원이었다. 게다가 동향 사람인 류천궁의 딸과 결혼했던 왕건은 나주 공격 중 버들잎을 띄운 물바가지를 건네는 처녀를 만났다. 이때의 인연으로 나주의 세력인 오다련의 딸을 둘째 부인으로 맞이한 왕건은 고려 수군의 세를 더욱 불렸다.

또 다른 원인은 고구려의 뒤를 잇는다는 고려의 정체성에 있었다. 동아시아의 바다를 지배했던 고구려 수군의 우수한 군선 건조 테크놀로지는 고스란히 고려의 몫이 되었다. 『고려사』는 왕건이 직접 지휘했던 군선의 크기를 다음처럼 설명한다.

"보병 장수 강선힐, 흑상, 김재원 등을 태조의 부장으로 삼아 배 100여 척을 더 만들게 하니, 큰 배 10여 척은 각각 사방이 16보로서 위에 망루를 세우고 말도 달릴 수 있을 정도였다."

1보는 원칙적으로 6척에 해당하나 1척은 길이가 0.2미터에서 0.3미터까지 고무줄이었다. 따라서 16보는 가장 작으면 약 19미터, 가장 크면 약 29미터였다. 말을 태울 수 있는 갑판의 폭이 최소 19미터는 됐다는 사실을 추측할 수 있다. 갑판만 보면 정사각형이지만 배 진행 방향의 구조물을 상상하면 배 자체는 이보다도 길었다.

고려 군선 중 큰 배, 즉 대선이 위처럼 폭이 넓을 수 있었던 이유는 고대 한국의 배를 상징하는 독특한 구조 때문이었다. 고려 군선은 이른바 평저선이었다. 평저선은 말 그대로 '아래가 평평한 배'였다. 평저선은 먼저 배 밑판의 구조를 넓고 평평하게 만든 후 수직 방향으로 배의 외판을 붙여서 만들었다.

반면, 동서양을 막론하고 고대의 배는 이른바 첨저선이었다. '아래가 뾰족한 배'를 뜻하는 첨저선은 좌우 방향으로 자른 횡단면 상 배의 하부가 브이(V)자 모양이었다. 첨저선은 배의 길이 방향 구조를 지탱하는 일명 용골을 뼈대로 삼아 사선으로 배의 외판을 붙여나가 만들었다.

평저선과 첨저선 중 일방적으로 어느 한쪽이 더 낫다고 얘기하기는 어

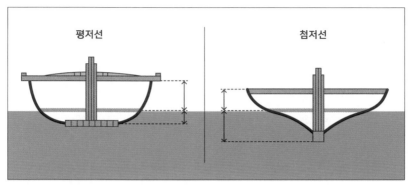

평저선과 첨저선의 형태 차이

렵다. 각각 장단점이 있기 때문이다. 첨저선은 물에 잠기는 부분이 뾰족하기에 배가 물로부터 받는 저항이 적다. 그만큼 속도를 내기에 유리하다. 또한, 흘수선이 높아지는 만큼 배의 무게중심이 수면에 가깝다. 흘수선이란 배가 수면에 잠긴 선이다. 배의 무게중심이 수면에 가까울수록 파도가 옆에서 쳤을 때 뒤집힐 가능성이 작다.

평저선은 첨저선과 정반대의 성질을 갖는다. 물의 저항이 크기에 속도를 내는 데 불리하다. 또 흘수선이 낮아서 배의 무게중심이 높기 쉽고 그만큼 전복될 가능성이 크다. 대신 선회 반경이 작고 기동성이 우수하다. 결과적으로 암초 지대나 물살이 급한 곳에서 생존성이 좋아지는 장점을 갖는다.

고려 수군의 대선이 활약한 전쟁으로 원과 함께 나섰던 두 차례의 일본 원정을 들 수 있다. 1274년 원의 보르지긴 쿠빌라이는 일본을 정복하고자 2만6천 명의 몽골군을 투입했다. 30년 가까운 항전 끝에 1259년 원의 사위국가라는 특수한 지위를 받아들인 고려는 이때 수군 8천 명과

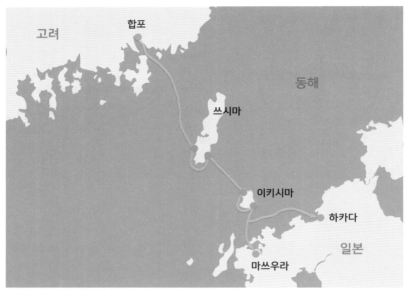

고려와 원 연합군의 일본 원정 경로

선장과 선원에 해당하는 초공과 수수 등 6천7백 명을 마지못해 파견했다. 또한, 고려는 수군이 미미했던 원을 대신해 약 3만 명의 인력으로써 원군과 고려군이 탈 대선 300척, 경쾌선 300척, 급수용 소선 300척을 단 4개월 반 만에 건조했다. 그다지 원하지 않는 전쟁에 반강제로 동원됐다는 뜻이다.

쓰시마와 이키시마를 차례로 점령한 몽골–고려 연합군은 규슈에 상륙해 후쿠오카의 일본군 방어선을 간단히 유린했다. 당시 벌어진 모든 전투에서 일본군은 연합군의 상대가 되지 못했다. 전력 차가 어찌나 컸던지 이때 "무쿠리 고쿠리가 잡으러 온다"라는 말로 일본 엄마들이 말 안 듣는 아이들 겁을 줄 정도였다. 무쿠리와 고쿠리는 각각 원군과 고려군을 지칭하는 도깨비 이름이었다.

희한하게도 개전 17일째인 음력 10월 21일 연합군 선대가 정박 중인 하카타만에 폭풍이 몰아쳤다. 양력으로 바꾸면 11월 26일로 태풍이 올 시기는 지난 뒤였다. 어쨌거나 갑작스러운 폭풍으로 인해 연합군은 하룻밤 새 200척의 군선을 잃고 결국 철군했다. 일본은 이때의 폭풍을 '신푸(神風)', 즉 신의 바람이라 불렀다. 그로부터 약 600여 년 후 태평양전쟁에서 일본군은 신푸를 뜻으로 바꿔 읽은 '가미카제'라는 자살공격대를 조직했다.

1281년에 감행된 2차 원정은 1차보다 더 대규모였다. 몽골군의 수는 2만5천 명에서 1만3천 명으로 줄었지만 고려는 수군 약 1만 명에 초공과 수수 약 1만 7천 명을 동원했다. 여기에 더해 1279년 항복 후 원에 흡수된 송의 수군 10만 명이 포함되었다. 한족이 세운 송은 중국에서 수군이 가장 강하다고 평가되는 나라였다.

음력 5월에 침공을 시작한 몽골–고려 연합군에 비해 한족 수군은 출항이 늦어지며 7월 27일에야 하카타만에 합류했다. 그로부터 3일 뒤 태풍이 연합군 수군을 덮쳤다. 결과는 참혹했다. 『원사』에 의하면 한족 수군 중 살아 돌아온 자는 단 세 명이었다. 『고려사』에도 연합군 중 10만 명이 익사하거나 일본군의 포로가 되어 귀환하지 못했다고 기록되어 있다.

그나마 2만 명 가까이 생환한 고려군의 피해가 가장 적었다. 1304년에 죽은 원의 왕운은 『추간선생대전집』에서 "크고 작은 함선들이 다 파도 때문에 쪼개지고 부딪혀 깨졌으나 유독 고려의 전선은 배가 견고하여 온 전함을 얻을 수 있었다"라고 설명한다. 『고려사』 1292년 9월 30일 자는 원의 정우승이 쿠빌라이에게 "강남의 전함이 크기는 크지만 부딪히면 부서지는데, (중략) 만일 고려로 하여금 배를 만들게 하여 다시 정벌한다면 (후략)"라고 하며 한족 군선보다 고려 군선을 추천한 기록이다.

고려는 이외에도 독특한 군선을 만들어 실전에 투입했다. 1009년 왕순이 현종으로 즉위하며 만들게 했다는 75척의 과선은 뱃전에 단창을 촘촘히 꽂아 놓은 배였다. 접근전시 적병의 승선을 막으려는 의도였다. 또한 『고려사』에는 1377년 손광유가 최영의 명령을 어겼다가 군선 50여 척을 잃고 검선을 타고 겨우 빠져나왔다는 기록이 있다. 검선은 소형 과선이었다.

처음부터 대함선용으로 개발된 최무선의 화약과 화포

근세 이전까지 바다나 호수, 혹은 강 같은 물 위에서의 전투는 다음 세 가지 양상 중 하나로 치러졌다. 물론 해전의 규모가 커지면 세 가지 양상이 동시에 나타나기도 했다.

첫째는 상대방 배에 올라타 직접 칼과 창 등으로 싸우는 경우였다. 이를 가리켜 등선육박전이라고 불렀다. 등선육박전의 목표는 해당 배의 병사와 선원을 모두 제압하여 배를 빼앗는 데 있었다. 쉽게 말해, 싸우는 장소가 땅 위에서 배 위로 바뀌었을 뿐 통상의 육박전과 다르지 않았다. 조금 전의 과선과 검선 개발은 바로 등선육박전을 염두에 둔 결과였다.

둘째는 아군의 배로 적군의 배를 들이받아 침몰시키는 경우였다. 이를하여 충파였다. 배는 구조상 측면이 가장 충돌에 취약했다. 따라서 이러한 공격을 시도하는 배는 단단하게 만들어진 앞부분으로 상대방 배의 측면을 노렸다. 이때의 배 앞부분을 가리켜 충각이라고 불렀다. 충각은 글자 그대로 '부딪치는 뿔'이었다.

셋째는 거리를 둔 상태에서 화살 등으로 공격하는 경우였다. 배를 타고 벌이는 활 싸움은 육상에서 하는 활 싸움과 한 가지 면에서 달랐다. 근세 이전의 모든 배는 나무로 만들어졌기에 불에 약했다. 즉, 사람을 공격하기보다는 불을 붙인 화살로 적의 배를 불태우는 공격이 더 유효했다. 불로 공격하는 화공은 근세 이전 수상전의 중요한 레퍼토리였다.

그렇다면 고려 수군은 어떠한 공격 방법을 사용했을까? 등선육박전은 너무나 당연하기에 따로 말할 필요가 없다. 기록에 따르면 충파와 화공도 자유자재로 구사했다.

일례로, 1046년에 죽은 후지와라노 사네스케는 여진 해적에게 잡혀갔다가 고려 수군이 구출해 일본으로 보내준 사람이었다. 직접 고려 군선의 활약상을 보았을 그는 자신의 저서 『소우기』에서 "고려 군선의 선체는 높고 크며 배의 앞에 철로 만든 뿔이 있어 이로써 적선을 충파한다"와 "불붙인 돌을 떨어트려 (적선을) 친다"라는 기록을 남겼다.

화공으로 유명했던 나라로 비잔티움(동로마)이 있다. 비잔티움 해군의 필살기인 일명 '그리스 불' 때문이다. 672년 시리아인 칼리니코스가 개발한 그리스 불은 거리가 있는 적 배를 향해 불길을 발사하는 화염방사기였다. 그리스 불은 원거리 화공인 데다가 물로 끌 수 없다는 점 때문에 상대하기 어려운 강력한 무기였다. 비잔티움은 그리스 불에 힘입어 1453년 멸망될 때까지 투르크와 서유럽국가의 공격을 800년 가까이 막아냈다.

화약의 발명은 중세 전쟁의 양상을 바꾼 결정적인 사건이다. 중국이 화약의 종주국임에는 틀림이 없다. 기마민족인 거란의 요에게 중원을 뺏기고 남쪽으로 밀린 송은 화약과 화기를 제조하는 화약요자작을 설립

火箭兵

거란의 요를 막기 위해 송에서 세계 최초로 화약이 발명되었다.

했다. 칼과 창으로는 이길 재간이 없었던 요를 화약의 힘으로 막아 보려는 생각이었다. 1044년 송의 증공량이 쓴 『무경총요』에는 창과 화살의 비거리를 화약으로 늘린 화창과 화전, 그리고 석회와 유황을 채운 종이통을 발사하는 벽력포 등이 자세하게 설명되어 있다.

송의 화약 테크놀로지는 송과 싸운 금을 거쳐 몽골도 갖게 되었고, 몽골이 유라시아 대륙을 정복하면서 아랍과 유럽에도 전파되었다. 이후 유럽은 대표적인 화약 무기인 화포와 총을 끊임없이 개선하며 중세 봉건제를 끝장냈다. 즉, 돌로 지은 성은 화포의 위력 앞에 더 이상 난공불락이 아니었고, 장창을 들고 철갑옷을 입은 기사의 기마 돌격은 보병의 일제사격 앞에 우스꽝스러운 만용이 되어 버렸다.

중세 한국에서 화약을 최초로 만든 사람이 최무선이라는 사실은 잘 알려져 있다. 상대적으로 덜 알려진 사실은 최무선이 화약 무기를 만든 동기다. 고려 말 왜구가 창궐해 이를 해결해보려고 원의 화약 엔지니어 이원에게 간청해 배웠다는 사실은 그나마 알려져 있다. 군사적 관점에서 더 강조해야 할 부분은 최무선의 목표가 처음부터 수군용 무기 개발이었다는 점이다. 고려를 제외한 다른 모든 나라는 육상 전투를 염두에 두고 화약 무기를 개발했다.

『태조실록』 1395년 4월 19일 자는 최무선이 일찍이 말하기를 "왜구를 제어함에는 화약만 한 것이 없으나, 국내에는 아는 사람이 없다"라고 했다는 사실을 전한다. 최무선의 본심은 『신증동국여지승람』에 나오는 다음의 기록에서 더 잘 드러난다. "수전은 화공이 계책이라고 생각한다."

왜구는 약탈을 일삼는 일본의 해적집단이었다. 1223년 현재의 김해인 금주를 최초로 침입한 왜구는 이후 1265년까지 모두 11차례 고려를 침입했다. 이때는 정확히 고려가 몽골의 침공에 맞서 전쟁을 치르던 시절이었다. 원과 고려가 1274년과 1281년 두 차례 일본을 공격한 결과 왜구는 70년 넘게 사라졌다.

1350년 왜구는 오랜 공백을 깨고 다시 고려 해안에 나타났다. 일본이 각 지방의 다이묘끼리 내전을 벌이는 무정부 상태에 빠져서였다. 이때의 이른바 14세기 왜구는 13세기 왜구보다 훨씬 규모가 컸다. 남해안뿐 아니라 동해안과 서해안도 공격했을뿐더러 수도 개경도 위협할 정도였다. 왜구는 1374년부터 1388년까지 고려를 모두 378회 공격했다. 매년 평균 27회를 공격한 셈이었다.

『고려사』 1356년 9월 자에는 "서북면의 방어 무기를 검열하였다. 총통을 남강에서 쏘았더니 화살이 순천사의 남쪽에 미쳐서 땅에 떨어졌는데 화살 깃이 (땅속에) 박혔다"라는 기록이 나온다. 이때 이미 최무선의 화약 시험이 이루어지고 있었다는 얘기다. 1325년에 태어난 최무선은 당시 30대였다.

최무선의 등장은 허공에서 뚝 떨어진 사건이 아니었다. 1330년에 태어난 왕전은 12살 때부터 원의 수도 연경에서 볼모로 지내다가 1351년 공민왕이 되었다. 왕전은 왕이 되자마자 몽골의 변발을 풀고 몽골옷 대신 고려옷을 입었다. 1357년에는 과거 서안평이라고 불리던 압록강 북쪽의 파사부를 공격해 점령했고, 1370년에는 요동 정벌에 나서 오녀산성과 요동성을 차례로 함락시키기까지 했다.

1365년 아내 보타시리가 출산하다 죽은 후로 상심에 빠져 이상한 일을 벌이기도 했지만 공민왕은 1374년 암살될 때까지 진지하게 고려의 건국이념인 고구려 영토 회복을 추진한 사람이었다. 공민왕의 후원이 있었기에 최무선의 화약 무기 개발이 가능했다는 뜻이다. 『고려사』 1373년 10월 9일 자는 "왕이 새로 건조된 전함을 보고 또 화전과 화통을 시험하였고, 밤에는 마장에 유숙하였다"라고 전한다.

공민왕의 아들 우왕 왕우는 왜구의 격멸과 요동 회복이라는 아버지의 뜻을 계속 추진했다. 1377년 화통도감을 설치하여 최무선에게 맡겼고 1378년에는 최무선이 개발한 화약 무기로 무장한 화통방사군을 조직했다. 또 원과 한족 주원장이 1368년에 건국한 명 사이에서 적절한 거리를 유지하며 힘을 축적하려 했다. 일례로, 우왕은 명을 같이 공격하자는 원의 요구는 거절했고, 해마다 금 백 근 등을 보내라는 명의 요구는 일부 응하면서 형세를 살폈다.

최무선은 화통도감을 통해 다양한 화약 무기를 개발했다. 구체적으로, 돌이나 철환 등을 날리는 화포인 대장군포, 이장군포, 삼장군포, 육화석포, 화포, 신포, 화포로 날리는 철제 포환인 철탄자, 화포에 넣고 쏘는 화살인 화전, 철령전, 피령전, 천산오룡전, 폭발물인 화통, 마름쇠를 뿌리는 화포인 질려포, 그리고 화살에 직접 화약통을 매단 원시적 로켓인 유화, 주화, 촉천화 등이다. 또 최무선은 군선의 건조도 제안하고 직접 감독했다.

1380년 최무선의 화통방사군은 처음으로 실전에 투입되었다. 왜구 2만여 명은 500여 척의 배로 현재의 군산인 진포에 나타났다. 우왕은 심덕부, 나세, 최무선이 지휘하는 100척의 군선으로 왜구 선대를 공격하게 했다. 『고려사』는 "화포를 이용하여 그들의 배를 불살랐는데 연기와 불길이 하늘을 뒤덮었으며 배를 지키는 적이 거의 타 죽고 바다에 뛰어들어 죽은 자 또한 많았다"라고 진포해전을 묘사했다.

진포해전은 세계 해전사에 이름을 남긴 전투였다. 서양은 화포가 해전에 사용된 최초의 경우로 1338년의 아르네무이덴해전을 든다. 48척의 프랑스군 갤리가 5척의 잉글랜드군 범선을 포획한 이 전투에서 잉글랜드군 기선에 실려 있던 세 문의 포가 발사됐다는 이유에서다. 이때의 포격

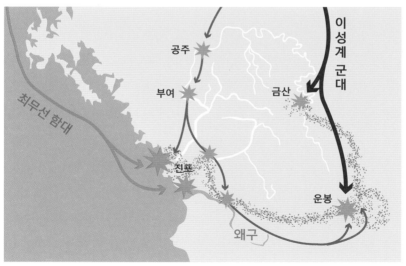

진포해전에서 최무선은 화포를 이용하여 왜구를 궤멸시켰다.

은 전투의 결과에 아무런 영향을 주지 못했다. 이에 비해 고려군 화포는 진포해전에서 100 대 500이라는 절대 불리한 군선 수를 극복하게 해주었다. 진포해전은 아시아에서 화포가 해전에 사용된 최초의 경우다.

진포해전 승리의 또 다른 이유는 바로 평저선이면서 튼튼한 고려 군선이었다. 단단한 소나무로 만든 데다가 평저선인 고려 군선은 화포 발사 시 발생하는 심한 반동을 견딜 수 있었다. 첨저선이라면 함부로 화포를 쏘다가 전복되기 십상이었다.

화포로 무장한 고려 수군은 진포해전의 승리가 우연이 아니었음을 잇달아 증명했다. 1383년 정지는 큰 배로만 구성된 120척의 왜구 선대를 관음포 앞바다에서 47척의 군선으로 요격하여 17척을 불태우는 승리를 거뒀다. 또 1389년 2월에는 박위가 100척 군선으로 왜구의 본거지 쓰시마섬을 공격해 300척의 왜선을 불태웠다. 흥미롭게도 그해 8월 오늘날의 오키나와인 유구국의 왕 찰도는 옥, 유황, 소목, 후추, 갑과 왜구가 끌고 갔던 고려인을 돌려보내며 고려의 신하를 칭했다.

해상포격전이라는 해전의 새로운 역사를 쓴 고려 수군은 정상의 위치에서 순식간에 소멸되었다. 이성계의 반란으로 나라가 없어진 탓이었다. 1388년 명은 함경도와 강원도의 경계인 철령의 북쪽이 이제부터 자신의 영토라고 일방적으로 통보했다. 우왕은 7년 전에 은퇴했던 일흔세 살의 최영을 불러들여 요동의 명을 공격하도록 했다. 압록강을 건너지 않고 군대를 돌려 거꾸로 개성을 공격한 이성계는 우왕을 내쫓고 최영을 죽였다.

최무선의 화통도감은 이성계의 반란 후 1년 뒤인 1389년 해체되었다. 명목상의 이유는 경비 절감이었다. 아마도 실제 이유는 육군 위주의 이성계 일파가 고려 수군 화포의 위력을 잠재적인 위협으로 느껴서였을 터다. 조선 왕조가 그토록 우러렀던 명의 주원장 역시 화약을 적극적으로 활용해 원을 몰아낸 후에 화약 무기 제조를 금지했다. 두 왕조는 여러모로 닮았다.

이순신이 발명하지 않은 구선과 그의 승리를 뒷받침한 판옥선

1392년에 시작된 조선은 곧바로 왜구의 노략질에 시달렸다. 1393년부터 1397년까지 53회의 공격을 받았다. 화통도감의 해체가 왜구의 부활에 영향을 주었으리란 점은 분명하다.

이성계와 이방원은 둘 다 왜구를 골치 아파했다. 『태조실록』 1393년 5월 7일 자에 이성계가 "국가에서 근심하는 바가 왜적보다 심한 것이 없다"라고 말했다는 기록이 나온다. 이방원은 왜선의 속력을 조선 군선과 비교하는 시험도 실시했다. 『태종실록』 1413년 1월 14일 자에 의하면 한강에서 시험해보니 "물길을 따라 내려가면 병선이 왜선보다 뒤지기를 30보, 혹은 40보나 하고, 물길을 거슬러 올라가면 몇백 보나 뒤졌습니다"라는 결과를 얻었다.

1419년 세종 이도는 엉뚱한 명령을 내렸다. 『세종실록』 1419년 5월 14일 자는 "각 도와 각 포구에 비록 병선은 있으나, 그 수가 많지 않고 방어가 허술하여, (중략) 이제 전함을 두는 것을 폐지하고 육지만을 지키고자 한다"라는 세종의 지시를 전한다. 이종무, 정역, 이지강 등이 말도 안 되는 얘기라며 말려 시행되지는 않았다.

그럼에도 세종은 군선 건조와 개량에 대한 관심을 내려놓지 않았다. 1424년에는 소나무의 양성과 병선이 썩지 않도록 하는 방법을 찾아보라고 지시했고, 병조는 연기를 쐰다든지, 외면에 엷은 널쪽을 댄다든지 하는 방안을 시행했다.

이후 조선의 군선은 이상한 쪽으로 흘러가기 시작했다. 1430년 병조가 조선은 나무못을 써서 부실한 반면 명은 쇠못을 쓰고 재를 바르고 회화나무를 덧대어 튼튼하니 명이 하는 대로 군선을 만들자고 건의하자 세종이 승인했다. 세종은 1432년 배를 만드는 기술이 완전하지 못해 조선의 군선은 금방 썩어버리니 명 황제에게 배 짓는 훌륭한 기술자를 청하라고 했다.

그 결과 1434년 중국 방식으로 만든 두 종류의 배를 시험한 후 표준 군선으로 삼기까지 했다. 이는 한국 고유의 평저선을 버리고 중국식 첨저선으로 조선의 군선이 바뀌었다는 의미였다. 심지어 세종은 1444년 화포도 중국포가 조선포보다 더 좋으니 이것도 명의 기술자를 청구해보라는 지시를 내렸다.

튼튼하기로 유명했던 고려 군선과 왜선을 수백 척씩 불태우던 최무선의 화포를 물려받았을 조선이 왜 위와 같은 상황에 처하게 된 걸까? 고려 때보다 이론만 밝고 장인의 경험은 가벼이 여기는 조선의 문화가 한 가지 원인일 수 있다. 중국 것이라면 덮어놓고 숭배하던 조선 왕조와 양반 계급의 세계관도 한몫했을 터다.

예를 들어, 쇠못 대신 나무못을 쓰는 한국의 배 건조 방식은 문제기보다는 장점이었다. 쇠못이 소금기 많은 바닷물에 묻으면 더 쉽게 부식되었기 때문이다. 철이 부식되면 주변의 목재도 같이 썩어버렸다. 또한, 나무못은 물에 불면 부피가 커지면서 결과적으로 더 결합 강도가 올라가는 효과도 있었다. 세종의 아들 문종 이향은 임금이 된 다음 해인 1451

년 중국식 배를 포기하고 과거의 평저선으로 복귀하도록 했다. 문종이 되돌리지 않았다면 임진왜란 때 무슨 일이 벌어졌을지 생각만 해도 끔찍하다.

조선의 군선 중 가장 잘 알려진 배는 아마도 거북선일 터다. 거북선을 운용한 이순신의 수군이 임진왜란 때 거둔 전과는 너무나 유명하다. 일부에서는 거북선을 발명한 사람이 이순신이라는 이야기도 한다. 낭만적인 이야기임에는 틀림이 없지만 이는 사실이 아니다.

『태종실록』 1413년 2월 5일 자에는 "임금이 임진도를 지나다가 구선과 왜선이 서로 싸우는 상황을 구경하였다"라는 기록이 나온다. 구선(龜船)의 구는 '거북 구'자로서, 즉 구선은 거북선이다. 임진도는 임진강을 도하하는 위치다. 또 『태종실록』 1415년 7월 16일 자는 탁신이 "거북선의 법은 많은 적과 충돌하여도 적이 능히 해하지 못하니 가위 결승의 좋은 계책이라고 하겠습니다. 다시 견고하고 교묘하게 만들게 하여 전승의 도구로 갖추게 하소서"라며 건의하는 내용이다. 즉, 이미 이때 구선이 존재했다는 얘기다.

이순신의 조카였던 이분은 『이순신행록』에서 "위에는 판자를 덮고 판자 위에 십자 모양의 작은 길을 내어서 사람들이 위로 다닐 수 있게 하였다. 나머지는 모두 칼과 송곳을 꽂아서 사

임진왜란 때 해전에 참여했던 거북선의 복원 모습

방으로 발붙일 곳이 없었다"라고 구선을 설명했다. 이러한 묘사를 읽으면 생각나는 배가 있다. 바로 고려의 군선인 과선과 검선이다. 과선과 검선에서 구선으로의 진화는 지극히 자연스러운 결과다.

또한, 구선은 이순신의 승전에 가장 큰 역할을 담당한 군선도 아니었다. 예를 들어, 사천해전에 참가한 전라좌수영 군선 23척 중 구선은 한두 척 정도였다. 또 1597년 원균이 160여 척의 삼도 수군을 몰살시킨 칠천량해전에서 조선 수군이 보유한 전체 구선 세 척이 모두 침몰했다. 군선 전체의 수가 10이라고 할 때 구선의 수는 채 1이 안 되었다는 얘기다. 결정적으로 13척으로 일본 군선 133척에 맞서 31척을 부순 명량해전에서 구선은 한 척도 없었다.

그렇다면 이순신의 승리에 가장 큰 공을 세운 조선의 군선은 무엇이었을까? 당시 조선 수군의 주력 군선이자 명량해전에 참가한 13척 모두에 해당되었던 판옥선이 그 주인공이었다.

원래 조선 수군의 초기 주력선은 신숙주가 개발한 맹선이었다. 맹선의 맹은 '사납다'는 뜻을 가졌다. 『세조실록』 1461년 10월 2일 자에 의하면 신숙주는 병선과 조운선을 따로 만들지 말고 하나로 통일하자고 제안했다. 그렇게 만들어진 배가 맹선이었다. 맹선 중 큰 배는 수군과 노군

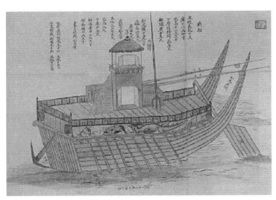
임진왜란 당시 조선 수군의 주력 군선이었던 판옥선

을 합쳐 80명까지 탈 수 있었으나 16세기 전반기에 벌어진 여러 왜란에서 한계를 드러냈다. 화물선을 유사시에 군함으로 쓰자는 식이었으니 전투력이 좋을 리가 없었다.

판옥선은 1555년에 개발되었다. 맹선의 크기를 키우면서 2층에 해당하는 판옥을 얹어 노군은 1층에서 노만 젓고 수군은 높이 위치한 2층에서 아래로 내려다보면서 싸울 수 있었다. 또 2층 갑판 가운데에 누각을 세워 선장의 지휘를 용이하게 했다. 판옥선은 수군과 노군을 합쳐 125명이 탈 수 있었다.

임진왜란이 끝난 지 얼마 지나지 않은 『선조실록』 1606년 12월 24일자에는 거북선과 판옥선을 비교하는 기록이 등장한다. 이순신 밑에서 싸웠던 나대용의 상소를 마찬가지로 이순신 밑에서 싸우고 1596년 경상좌수사가 된 이운룡이 대신 올린 내용이다. "구선은 전쟁에 쓰기는 좋지만, 사수와 격군의 숫자가 판옥선의 125명보다 더 필요하고 활을 쏘기에도 불편하기 때문에 각 영에 한 척씩만을 배치하고 더 이상 만들지 않고 있다."

7
서양에서 더 알아주는 화차는
이동식 모듈형 다연장포차

화차를 직접 디자인하고 동생에게 만들게 한 조선의 임금은?

질문 하나를 해보자. 왕은 왜 왕일까? 물론 오늘날 왕은 과거의 유물이다. 그래도 이 질문은 해볼 만한 가치가 있다. 요즘도 왕은 완전히 사라지지 않은 존재기 때문이다. 예를 들어, 영국, 스페인, 스웨덴, 네덜란드 등 유럽의 여러 나라에는 권한은 예전 같지 않을지언정 여전히 왕이 있다. 멀리 유럽까지 갈 것도 없다. 옆 나라 일본만 봐도 그렇다. 또한, 그게 전부가 아니다. 왕이라는 호칭을 쓰지 않았을 뿐 사실상 왕이나 다름없는 경우도 없지 않다.

일부 사람에게 왕이란 타고나는 지위다. 왕인 이유가 아빠가 왕이었다는 게 전부다. 그게 다라면 결말은 뻔하다.

시대착오적인 존재이긴 하지만 왕이 왕일 수 있는 이유는 사실 따로 있다. 무슨 말이냐 하면 왕이 왕인 이유는 앞장서서 싸우는 존재라서다.

혼란한 세상을 구하고자 목숨 걸고 맨손으로 나라를 일으키거나 외적이 쳐들어왔을 때 직접 군대를 이끌고 나가 물리치는 사람이 왕이라는 얘기다. 뒤에 숨어서 아빠한테 물려받은 지위와 권력을 누리고 부리는 데만 골몰하는 자를 사람들은 왕으로 인정해주지 않는다.

실제로 역사에는 전쟁 때 선봉에 선 무수히 많은 왕이 있었다. 테르모필레에서 300명 병사와 함께 싸우다 죽은 스파르타의 레오니다스, 마케도니아의 알렉산드로스 3세, 몽골의 테무진, 청의 아이신줴뤄 누루하치 등이다. 고대 한국에서도 고구려의 고주몽과 고담덕, 발해의 대조영, 고려의 왕건도 그러한 예에 속했다.

그런데 조선에는 특이한 왕이 있었다. 전쟁 때 앞에 나가 싸운 왕은 아니었다. 비겁한 겁쟁이라서 그랬을까? 그렇지는 않았다. 그가 왕이던 시절 조선에 전쟁이 벌어지지 않았다. 그럼에도 그가 전쟁 때 앞장서 싸운 왕보다 국방에 관심이 적었다고 이야기하기는 어렵다. 그가 했던 일 때문이다. 그게 무얼까? 그가 한 일에 대한 다음 기록을 살펴보자.

이보다 앞서 임금이 임영대군 이구에게 명하여 화차를 제조하게 하였는데, 그 차 위에 가자를 설치하고 중신기전 1백 개를 꽂아 두거나, 혹은 사전총통 50개를 꽂아 두고 불을 심지에 붙이면 연달아 차례로 발사하게 되었다. 광화문에서 서강까지 차를 끌어 시험하니, 평탄한 곳에는 두 사람이 끌어서 쉽게 가고, 진흙 도랑 및 평지에 돌이 있거나 조금 높은 곳은 두 사람이 끌고 한 사람이 밀어야 하며, 높고 험한 곳은 두 사람이 끌고 두 사람이 밀어야 된다. 그 제도는 모두 임금이 지수한 것이다.

낯설 수 있는 단어 몇 가지를 설명하자. 가자(架子)는 시렁의 한자어로서 물건을 놓거나 받치는 틀이나 대를 가리킨다. 8장에서 자세히 설명할 중신기전(中神機箭)은 최무선이 개발했던 화약통 매단 화살, 즉 주화를 1448년에 이름만 바꾼 무기다. 사전총통(四箭銃筒)은 네 개의 작은 화살을 화약의 힘으로 동시에 쏘는 소구경 화포다. 마지막 문장의 지수(指授)는 '지시하여 가르쳐 준다'라는 뜻이다. 이제 짐작할 수 있듯이 화차는 신기전이나 총통 같은 화약 무기를 동시다발로 발사할 수 있는 바퀴 달린 수레다.

위 기록은 『문종실록』 1451년 2월 13일 자에서 발췌한 결과다. 기록의 임영대군 이구는 세종 이도의 넷째 아들이다. 즉, 위 임금은 문종 이향이다.

정리하자면 이렇다. 이향은 1450년 3월에 왕이 되었다. 위 기록이 다음 해 2월이므로 왕이 된 시점부터 채 1년이 되지 않은 어느 시점에 여섯 살 아래 동생인 이구에게 화차를 제작하게 했다. 더 중요한 부분은 "그 제도는 모두 임금이 지수한 것이다"라는 마지막 구절이다. 문종이 화차의 구체적인 디자인을 제시했다는 얘기다. 전투를 직접 치른 왕은 많지만 무기를 직접 개발한 왕은 전 세계 역사에서 아마도 이향이 유일할 터다. 문종이야말로 엔지니어였던 단군의 뒤를 잇는 엔지니어 임금이었던 셈이다.

사실 엄밀히 말해 문종이 한국에서 화차를 최초로 개발한 사람은 아니다. 『태종실록』 1409년 10월 18일 자는 "군기소감 이도와 감승 최해산에게 말 한 필씩을 주었다. 임금이 해온정에 거둥하여 화차 쏘는 것을 구경하고 이 하사가 있었다. 또 포 50필을 화통군에게 주었다. 화차의 제도는 철령전 수십 개를 구리통에 넣어서 작은 수레에 싣고 화약으로 발사하면 맹렬하여 적을 제어할 수 있었다"라고 전한다.

위의 철령전은 최무선이 만든 16종의 무기 중 하나로 쇠로 만든 깃이 달려 있는 대형 화살이다. 문종이 디자인한 화차와 상세한 부분에서 차이가 있지만 수레에 다연장의 화약 무기를 실었다는 면에서 틀림없는 화차다.

또 알고 보면, 말을 받았다는 최해산은 바로 최무선의 외아들이다. 『태조실록』에 의하면 최무선은 죽을 때 자신의 화약 제조 비법을 적은 책 『화약수련법』을 부인에게 주며 "아이가 장성하거든 이 책을 주라"라고 유언했다. 부인은 최해산이 15살이 되자 『화약수련법』을 읽게 했다.

최무선은 화약과 화포를 수군용으로 만들었지만 이를 육전에서도 쓰자고 생각하는 데에 특별한 능력이 필요하지는 않다. 명이 하는 일은 그대로 따라 해야 마음이 편한 조선의 양반들에게는 더욱 그렇다. 무게가 있는 화통을 들고 다니기보다는 수레에 싣는 편이 편하다. 게다가 어차피 실을 거라면 하나보다는 수십 개를 싣는 쪽이 효율도 좋다. 이도와 최해산이 어떤 생각에서 화차를 개발했을지 이해하기는 결코 어렵지 않다.

그러면 최초가 아닌 문종의 화차를 주인공으로 다루는 이유는 무엇일까? 왕이 손수 했다는 부분도 놀랍지만 그 이상의 가치가 있어서다. 후대의 엔지니어인 내가 보기에도 존경의 마음이 들 정도다.

1474년에 간행된 『국조오례의서례』는 성종 이혈의 지시로 신숙주와 강희맹이 엮은 전집이다. 여기에는 당시 조선의 각종 무기를 상세히 설명해놓은 『병기도설』이라는 책도 포함되어 있다. 단순히 한자로 설명하는 데 그치지 않고 그림과 도면, 치수 등까지 언급하는 놀라운 책이다.

『병기도설』은 문종의 화차도 당연히 다루었다. 서양에서 로켓 화살을 쏘는 화차는 조선이 세계 최초였다고 인정하는 이유다. 워낙 상세히 설명되어 있어 1980년 이래로 완전에 가깝게 복원 제작되기도 했다. 서양인들이 책대로 문종의 화차를 직접 만들고 시험 발사하는 장관을 찍은 동영상들은 조회 수가 수백만에 달한다.

『병기도설』에 의하면, 문종의 화차는 몇 가지 특징이 있다. 우선 화약 병기를 탑재하는 수레가 일반적인 수레와 다르다. 좀 더 구체적으로, 바퀴 축은 물론이고 바퀴 위쪽보다도 수레의 밑면이 높다. 그럼으로써 수레에 탑재된 화약 병기 각도를 폭넓게 조절할 수 있다. 곡사가 아닌 직사만 가능했던 후대의 명 화차보다 당연히 최대사거리가 길다.

나를 진짜로 감동시킨 부분은 다음이다. 『문종실록』에 중신기전 1백 개나 사전총통 50개를 꽂아 두고 사용한다는 부분이 있다. 처음에는 두 가지 종류의 화차가 별도로 있다고 이해했다. 그런데, 『병기도설』의 그림을 보니 중신기전을 발사하는 신기전기와 사전총통을 발사하는 총통기가 탑재하는 수레는 공통이었다. 그러니까, 하나의 수레에 필요에 따라 신기전기를 올릴 수도, 또 총통기를 올릴 수도 있는 디자인이었다. 이는 21세기 초 자동차산업을 지배했던 이른바 '모듈 디자인'의 정신에 다르지 않다.

세부 사항까지 관심을 가졌던 엔지니어 문종의 모습은 이것이 전부가 아니다. 그는 "화차 좌우에 방패를 달아서 불을 붙여 놓는 사람의 몸을 감추는 곳을 만들고", "신기전 가자 및 화살 구멍을 쇠로 장식하여 화재를 막게" 했다.

화차의 개발과 제조를 향한 문종의 진심은 의심의 여지가 없다. 『문종실록』에서 화차가 언급된 날짜는 모두 9일이다. 태종 때의 하루, 세종 때의 이틀과 좋은 대조를 이룬다. 심지어 임진왜란을 치른 선조 이연 때의 8일보다도 많다. 가장 횟수가 많기로는 성종 때가 12일로 제일 많다. 다만 성종은 25년간 왕이었고 문종은 단 2년간 왕이었을 뿐이다. 총명했지만 건강이 좋지 않았던 문종은 39세의 젊은 나이에 죽었다.

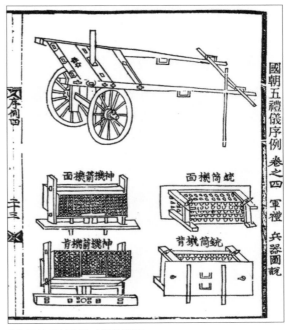

『병기도설』에 실려 있는 문종의 화차도

그러고 보면 명의 첨저선을 표준 군선으로 삼은 1434년 세종의 지시를 1451년에 되돌린 사람도 문종이었다.

화약의 주원료인 염초의 개발과 생산으로 고생이 많았던 조선

화약은 중국의 연단술에서 비롯되었다. 연단술이란 불로장생을 가능하게 하는 신비한 단약을 만들려는 도술의 일종이었다. 기원전 2세기 한의 유안이 쓴『회남자』에는 "초석, 황, 탄을 섞어 만든 진흙에서 금이 생성되었다"라는 기록이 있다. 이처럼 중국의 연단술과 서양의 연금술은 알고 보면 종이 한 장 차이였다.

977년 송의 이방 등이 펴낸 『태평광기』는 과거 중국의 설화를 담은 책이다. 여기에 나오는 2세기 사람 두자춘의 이야기가 이채롭다. 단약을 만드는 사람 집을 방문한 두자춘이 약을 제조하는 화로 옆에서 졸다가 화로에서 큰불이 일어나 집이 몽땅 탔다는 일화다. 단약의 재료인 초석, 황, 탄은 마침 화약의 원료이기도 하다.

이렇듯 중세 화약은 염초, 유황, 숯을 섞어서 만들었다. 염초의 염은 불꽃을 뜻했고 초는 초석을 뜻했다. 즉, 염초는 불붙는 초석이었다. 염초, 유황, 숯의 구성비는 대략 75:15:10이었다. 이 중 가장 적은 양이 사용되는 숯은 중세 한국에서 구하는 데 아무런 문제가 없었다.

유황은 숯보다는 어려웠지만 불가능한 것은 아니었다. "우리나라에도 유황이 생산되는 곳이 없지 않지만 생산되는 혈을 몰라 단지 다른 나라에서 무역하니, (중략) 수어사가 지금 바야흐로 호남의 진산군에다 사람을 보내어 채취하게 하였는데"라는 『현종개수실록』 1661년 6월 13일 자처럼 소량이나마 채취가 가능했다. 또 중국, 일본, 오키나와 등과 교역해 얻기도 했다. 일례로, 1389년 박위가 쓰시마섬을 토벌한 이후 유구국의 왕 찰도가 보내온 물품 중에 유황 300근이 있었다.

문제는 염초였다. 염초를 만드는 방법은 중국의 기밀이었다. 물론 송의 화약 테크놀로지가 금과 몽골로 퍼졌음을 생각하면 기밀 유지가 완벽하지는 않았다. 최무선도 염초를 만드는 방법은 스스로 터득하지 못하고 원의 이원을 구워삶아서 알게 되었다.

염초의 주성분은 질산칼륨(KNO_3)이었다. 칼륨 원자 하나와 질소 원자 하나, 그리고 산소 원자 셋이 결합된 질산칼륨은 일부 지역에서만 채취가 가능했다. 초석이라고도 불리는 질산칼륨은 높은 온도에서 열분해되며 그 과정에서 다량의 에너지와 산소가 발생한다. 초석은 화약의 연소에너지에 기여할뿐더러 발생시킨 산소로 유황과 숯이 폭발적으로 타도록 만든다.

초석이 자연광으로 발견되는 중국이나 칠레 같은 곳에서는 따로 염초를 만들 필요가 없었다. 그냥 채광한 초석을 잘게 부수면 그만이었다. 그런 행운이 주어지지 않은 한국은 다른 수단을 동원해 염초를 만들 수밖에 없었다. 대표적인 방법이 질소산화물이 풍부한 흙을 채취해 불에 구워 얻는 방법이었다.

어렵게 느끼기 쉬운 질소산화물을 좀 더 설명하자. 질소가 산소와 결합된 질소산화물은 흙에 사는 질산화박테리아가 만든다. 공기의 약 20퍼센트에 해당하는 산소는 풍부하게 존재하니 관건은 질소다. 물론 공기의 약 80퍼센트를 차지하는 질소는 산소보다도 흔하다. 그러나 분자 상태로 존재하는 질소는 안정한 기체라 박테리아가 분해할 수 없다. 즉, 공기 중 질소는 박테리아에게 그림의 떡이다.

그러면 박테리아는 어디서 질소를 얻을까? 박테리아는 암모니아 혹은 암모늄염에서 질소를 얻는다. 질소와 수소가 결합한 암모니아는 동물의 사체나 똥, 오줌 등에 풍부하다. 분뇨나 썩은 고기에서 나는 고약한 냄새가 바로 암모니아다. 식물은 박테리아가 암모니아를 분해해 만든 질산염을 생장의 양분으로서 흡수한다. 쉽게 말해, 거름 혹은 퇴비로 쓰이는 온갖 배설물이 바로 염초의 원료였다.

즉, 염초를 얻으려면 먼저 배설물이 풍부하거나 뭔가 썩은 흙을 채취해야 했다. 그런 후 그렇게 모은 흙을 가마솥에 넣어 끓이고 농축시켜 염초를 제조했다. 염초 엔지니어는 오래된 집의 아궁이나 구들 아래, 변소 바닥, 빗물이 오랫동안 스며든 벽 아래 등을 주로 노렸다. 경험상 이런 곳의 흙이 염초가 될 가능성이 컸다. 염초의 제조는 염초 엔지니어의 다년간 경험 없이는 이루어질 수 없는 고도의 테크놀로지였다.

염초 제조는 조선 왕조에게 뜨거운 감자와도 같았다. 넉넉하게 생산하자니 비법이 다른 나라나 민간에 퍼질 듯하고 조금만 생산하자니 유사시 대비가 불충분할 듯해 갈팡질팡했다.

예를 들어, 『세종실록』 1426년 12월 13일 자는 "간사한 백성이나 주인을 배반한 종들이 무릉도나 대마도 등지로 도망하여 가서 화약을 만드는 비술을 왜인에게 가르치지나 않을까 염려되오니, 이제부터는 연해의 각 수령들로 하여금 화약을 구워 만들지 못하게 하소서"라는 강원도 감사와 병조의 건의였다. 무릉도는 울릉도의 옛 이름이다.

또 1432년 12월 20일 자는 "모리하는 무리들이 청백색 구슬을 구워 만드는 데 염초를 전용하므로, 사사로이 구워 가지는 자가 있을까 두렵사옵고, (중략) 군기시의 권지 직장 김성미가 이에 대한 사실을 자세히 알고 있사오니, 원컨대 이 사람을 잡아다가 국문하옵시되"라는 최해산의 건의였다. 모리는 이익의 도모다. 염초 제조법을 독점하려는 조선 왕조의 고심이 드러나는 기록이다. 원의 철저한 통제에도 불구하고 비법을 최무선이 얻었듯이 염초 제조법의 독점은 이루기 쉽지 않은 목표였다.

한편, 『세종실록』 1432년 2월 13일 자에는 "염초를 굽는 곳은 경상, 전라, 충청의 세 곳뿐인데, (중략) 마땅히 동계와 서계의 양계에서도 또한 다 염초를 굽게 하며"라는 기록이 나온다. 동계와 서계는 각각 함경도와 평안도를 일컫는다.

조선은 염초가 소모되는 화약을 왕조의 경축 행사나 외국 사신 접대 등에도 사용했다. 『정종실록』 1399년 6월 1일 자에는 불꽃놀이를 본 일본국 사신이 "이것은 인력으로 하는 것이 아니고, 천신이 시켜서 그런 것이다"라며 놀라는 기록이 나온다. 또 『세조실록』 1462년 1월 2일 자는 "저녁에 임금이 중궁과 더불어 경복궁에 거동하여 화산붕을 구경하였는데, 유구국 사신과 왜인, 야인 등을 불러서 이를 구경시켰다"라고 전한다. 화산붕 혹은 화붕은 불꽃놀이를 가리키며 야인은 여진인을 가리킨다.

반면, 『세종실록』 1431년 12월 24일 자는 "염초를 구워내는 것이 그 공력이 적지 않아서, 한 해 동안에 구워내는 것이 1천여 근에 지나지 않는데도 한 번 화붕을 설치하는 데 화약을 허비함이 매우 많습니다. 원하건대, 지금부터는 사신이 비록 화붕을 보고자 하더라도 잠깐 설치하여 화약이 매우 귀함을 보일 것입니다"라는 건의를 세종이 승인하는 기록이다.

화약의 사용이 많았던 조선은 임진왜란 때도 만성적인 염초 부족에 시달렸다. 전쟁 중 선조는 사로잡은 일본인이 염초 제조법을 안다면 거칠게 다루지 말고 우대하라고 지시했다. 실제로 투항한 일본인 중에는 협조하는 자가 있었지만 별로 도움이 되지는 않았다.

또 선조는 명에게 바닷물을 졸여 염초 만드는 방법을 알려 달라고 계속해서 청했다. 명이 못 들은 척하자 조선에게 호의적이었던 명의 참장 낙상지에게 따로 매달리기도 했다. 낙상지는 명의 척계광이 1560년에 쓴 병서 『기효신서』의 전법을 조선에게 가르쳐 주었지만 염초 제조법은 예외였다.

돌파구는 의외의 곳에서 나왔다. 『선조실록』 1595년 5월 25일 자는 서천의 군보 임몽이 바다 흙으로 염초를 구워내는 데 성공했다는 기록을 전한다. 훈련도감은 6월 25일에 임몽의 공이 크니 상전을 베풀어 격려하자고 건의했다. 선조는 임몽을 주부에 임명했다. 주부는 문관이 속하는 동반의 종6품 관직이었다.

이날의 『선조실록』을 쓴 자는 "조정의 반열에 가득 벌여 서 있는 자들을 살펴보면 대부분 노예 따위의 천인들이니, 조가의 인재 임용이 이렇게 문란하고서야 제갈량과 방통이 그때에 났더라도 그들과 같은 반열에 서기를 부끄러워하여 쓰이고 싶은 마음이 없었을 것이다"라는 이례적인 주석을 달았다. 7월 15일에는 미천한 공장 임몽을 속히 경질하라고 사간원이 상소했다. 선조가 받아들이지는 않았지만 슬픈 역사다.

행주산성 전투를 승리로 이끈 변이중의 화차는 승자총통 장갑차

조선의 화차가 실전에 투입된 적이 있었을까? 기록상 가장 오래된 사례는 1467년 이시애의 반란이다. 길주, 즉 현재의 함경북도에 근거한 이시애의 세력이 막강하자 조선 왕조는 3만 병력을 보내 진압했다. 『성종실록』 1478년 8월 10일 자에는 "우리 군사가 화차를 가지고 오니 적의 무리는 피해서 달아나고"라는 기록이 나온다. 이전의 몇 차례 교전에서 승부가 나지 않았으나 화차를 보자마자 그 위력에 겁을 집어먹고 진이 무너졌다는 얘기다.

또 『성종실록』 1492년 2월 7일 자는 "근래에 듣건대 서북의 성이 포위되었을 때 그 포위를 풀게 한 공이 화차만 한 것이 없었다고 한다"라는 기록을 전한다. 이즈음 하여 주자총통기를 탑재한 화차도 만들어졌다. 조선의 총통은 『천자문』의 순서에 따라 천자총통, 지자총통부터 열두 번째인 측자총통까지 있었다. 주자총통의 길이는 약 32센티미터였다.

1592년 4월 13일 일본은 조선을 전면 침공했다. 100년 가까운 내전으로 단련된 17만 병력의 왜 침공군은 많아야 2, 3만 명이던 왜구보다 강력했다. 정발, 송상현, 신립 등의 목숨을 건 분전에도 불구하고 조선은 개전 후 두 달 만에 한양과 평양을 빼앗겼다. 그사이 이순신의 전라좌수영 수군이 왜군의 해상보급선을 차단하고, 7월 초 육상에서는 금산, 웅치, 이치에서 권율의 전라 관군과 고경명 등의 의군이 왜군과 접전을 벌여 전라도를 지켜냈다.

1만 명까지 늘어난 권율의 병력은 한양을 목표로 북진하여 12월 11일 경기도 오산의 독산성에 자리 잡았다. 지난 6월 전라와 충청의 근왕군 8만 명이 경기도 용인에서 와키자카 야스하루가 지휘하는 천6백 명에게 유린당해 5만 명이 죽었던 전철을 밟지 않기 위해서였다. 한성에 주둔 중이던 우키타 히데이에는 휘하 6만 명 중 2만 명으로 독산성을 공격했다. 권율은 이때 처음으로 변이중이 만들어 준 화차를 사용했다. 독산성 전투의 승자는 조선군이었다.

1546년에 태어난 변이중은 임진왜란이 발발하자 전라도에서 병력을 모으는 임무를 수행했다. 『총통화전도설』과 『화차도설』이 포함된 『망암집』을 남길 정도로

전남 장성군에서 변이중 화차를 복원하여 발사 시연을 하였다.

무기 개발에 관심이 많았던 그는 단순히 병사를 모으는 데 그치지 않고 직접 자신만의 화차를 개발하고 제작했다. 변이중과 그의 사촌 동생 변윤중은 화차 제작에 자신들의 재산을 아낌없이 썼다. 그렇게 만든 화차가 총 300대였다.

변이중이 만든 화차는 문종이 만든 화차와 성격이 달랐다. 문종의 화차는 보다 원거리의 적을 향해 곡사로 공격하는 무기였다. 반면, 승자총통 40문을 탑재한 변이중의 화차는 비교적 가까운 적을 향해 직사로 공격하는 무기였다.

1575년 김지가 만든 승자총통은 기존의 조선 총통에 비해 구경장이 긴 특징이 있었다. 구경장이란 포신의 길이를 총포 단면의 지름, 즉 구경으로 나눈 값이다. 약 2센티미터의 구경을 가진 승자총통은 길이가 보통 58센티미터였고 길면 1미터 가까이 되기도 했다. 철환 15발을 동시에 발사할 수 있었던 승자총통은 1583년 여진의 니탕개가 일으킨 반란을 제압하는 데 공이 컸다. 즉, 승자총통은 오늘날의 산탄총에 가까웠다.

게다가 변이중 화차는 전후좌우 네 면을 모두 6센티미터 두께의 나무판으로 둘러쌌다. 먼 거리에서 쏘는 조총으로 관통하기 쉽지 않은 장갑차였던 셈이다. 변이중 화차는 정면에 승자총통 14문, 좌면과 우면에 각각 승자총통 13문이 장착되었고 후면은 병사가 드나들 수 있는 문이 달려 있었다. 독산성 같은 산성의 방어 전투 시 요충지에 자리 잡은 변이중 화차는 마치 기관총으로 무장하고 콘크리트로 지어진 후대의 토치카처럼 공략하기가 어려웠다.

권율은 한성을 되찾기 위한 전초작업으로 소수의 병력만 독산성에 남기고 다시 북진했다. 큰 부상을 당했던 선거이에게 4천 명을 주어 한강

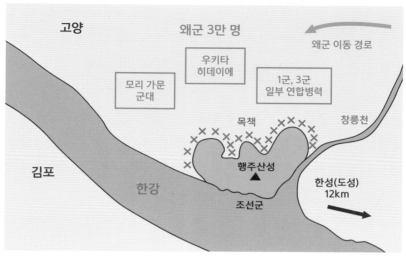

고양

왜군 3만 명

왜군 이동 경로

우키타
히데이에

모리 가문
군대

1군, 3군
일부 연합병력

창릉천

목책

행주산성

한성(도성)
12km

김포

한강

조선군

행주대첩에서의 조선군과 왜군의 병력 배치 모습

남안의 양천에 자리 잡게 하고 스스로는 3천8백 명을 지휘해 한강을 건너 해발 125미터의 덕양산(행주산)에 진을 쳤다. 돌로 된 성벽이 없고 흙더미에 불과했던 행주산성의 방어력은 변변치 않았다. 권율은 두 겹으로 목책을 세워 빈약한 방어력을 일부나마 보강했다.

1593년 1월 9일 명과 조선의 연합군이 우세한 병력을 바탕으로 평양성을 탈환했지만 1월 27일 벽제에서 이여송의 명군이 왜군에게 대패를 당했다. 벽제는 현재의 경기도 고양시 덕양구다. 코밑까지 다가와 웅크리고 있는 권율군이 계속 거슬렸던 왜군은 벽제 전투 승리의 여세를 몰아 2월 12일 오전 6시 3만 명으로 행주산성 공격을 개시했다.

고니시 유키나가의 1군과 이시다 미쓰나리의 2군은 조선군의 화력을 뚫지 못하고 아무런 전과 없이 물러났다. 누각을 동원한 구로다 나가마사의 3군 역시 조선군의 천자총통으로 누각이 파괴되면서 후퇴했다.

그러자 왜 원정군 총사령관 우키타 히데이에는 직접 휘하의 4군을 지휘해 총공격에 나섰다. 다수 병력의 힘으로 밀어붙이는 왜군의 공격은 거셌다. 바깥쪽 목책을 빼앗기면서 안쪽의 목책까지 몰렸다.

이때 변이중 화차의 힘이 발휘되었다. 당시 행주산성의 조선군은 모두 40량의 변이중 화차를 보유하고 있었다. 이들이 위치에 따라 정면 혹은 측면의 승자총통을 활용하여 우키타 히데이에에게 집중 사격을 가했다. 동시 사격 시 한 번에 약 8천 발의 철환이 쏟아지는 변이중 화차 40량의 타격력으로 조선군은 우키타 히데이에에게 중상을 입혔다.

왜의 4군을 후퇴시켰지만 여전히 전세는 안심할 수 없었다. 깃카와 히로이에의 5군과 모리 히데모토의 6군이 연달아 공격해왔다. 여기까지 막아낸 조선군도 고바야카와 다카카게의 7군 공격 때는 체력이 거의 바닥났다. 오후 4시경 안쪽의 목책까지 뚫고 들어온 왜군을 상대로 처영의 승군 700명과 권율의 관군은 백병전을 벌였다. 가지고 있던 화살마저 거의 다 떨어진 시점이었다.

이때 충청수사 정걸이 배 두 척에 화살 수만 발을 싣고 한강 하류로부터 거슬러 올라왔다. 절묘한 타이밍이었다. 게다가 전라도에서 올라온 조운선 40여 척이 때마침 양천 포구에 도달했다. 왜군에게는 이순신의 수군이 행주산성의 조선군을 도우러 온 것처럼 보일 법했다. 적지 않은 피해를 입은 데다가 기가 꺾인 왜군은 비로소 퇴각했다. 약 8배의 왜군을 물리친 이 날의 전투는 이후 행주대첩으로 불리게 되었다.

모든 무기가 그렇듯 변이중 화차도 절대 무적은 아니었다. 『선조수정실록』 1593년 2월 1일 자는 "소모사 변이중이 죽산의 적둔을 공격하다가 크게 패하였다. (중략) 우거를 많이 준비해 가지고 학익진을 지어 적둔에

다다르니 적들이 칼을 휘두르며 마주 나와서 종횡무진 어지럽게 베자, 아군이 패해 흩어졌다. 적이 또 불을 던져 우거를 태우니 우거 위의 군사들이 모두 죽었으며, 변이중은 겨우 죽음을 면하였다"라고 전한다. 죽산은 경기도 안성이고 적둔은 도적의 진이며 우거는 소가 끄는 수레로서 바로 변이중 화차다. 행주산성 전투 11일 전의 일로서 변이중 화차가 평지의 공격 병기로는 적합하지 않았다는 증거다.

8
일본군과 후금군을 몰아내는 데 기여한
조선의 특수 화약무기

1592년 4월 13일 일본군의 공격으로 시작된 임진왜란, 즉 조선−일본 전쟁에서 조선 육군은 초전에 패전을 거듭했다. 참고로 이 책에서 언급하는 날짜가 고대 한국에 관련되면 양력이 아닌 음력이다. 즉, 전쟁이 시작된 음력 4월 13일은 양력으로는 5월 23일이었다.

당시 조선 육군의 방어체제는 이른바 제승방략체제였다. 제승방략은 15세기 초 함경북도의 6진을 개척한 김종서가 쓴 『제승방략』에서 유래되었다. 제승방략을 글자 그대로 해석하면 '상대방을 제압하고 이겨낼 방법과 계략'이었다. 즉, 말 자체에 특별한 의미가 있지는 않았다.

『제승방략』의 요지는 각 고을의 수백 명 병력이 개별로 방어전을 펼치다가는 적의 대군에게 각개격파되니 중앙의 지휘하에 한 곳에 모여 방어전을 펼치자는 전략이었다. 4월 28일 충주 탄금대에서 신립이 그렇게 모

은 8천 명 병력으로 일
전을 치렀다. 문제는 신
립이 상대한 고니시 유
키나가의 1군이 만8천
명이라는 사실이었다.
제승방략이 정답일지언
정 그렇게 모은 병력이
적보다 적으면 답이 없
었다.

충주 탄금대 신립 장군 동상. 임진왜란 때 탄금대에서 배수진을 치
고 왜군과 맞섰으나 패배하고 자결하였다.

이순신의 수군이 옥포에서 5월 9일 최초의 승리를 거둔 후 7일 뒤인 5
월 16일, 조선 육군은 작지만 최초의 승리를 거두었다. 경기도 양주의 게
너미 고개에서 벌어진 해유령 전투였다. 신각은 가토 기요마사의 2군 선
발대를 매복 공격해 70여 명의 목을 베는 전과를 올렸다. 그 뒤에 벌어
진 일은 차라리 코미디였다. 한강과 임진강 방어에 실패한 김명원이 신각
이 도망쳤다고 보고해 신각은 부하장병 앞에서 즉결 처형됐다.

이후 5월 26일 곽재우의 의군이 의령에서 일본군의 남강 도하를 저지
한 정암진 전투, 7월 8일 권율과 황진의 천5백 명이 전라북도 완주와 충
청남도 금산의 경계인 배고개에서 2천여 명의 일본군을 물리친 이치 전
투, 7월 10일 김면과 정인홍의 의군 2천 명이 천5백 명의 일본군을 패퇴
시킨 우척현 전투 등 병력이 비슷하고 야전이라면 조선 육군도 승리할
수 있음을 증명했다. 또한, 7월 7일 웅치 전투와 7월 9~10일 1차 금산
전투도 비록 패하긴 했지만, 특히 의군의 싸우려는 의지가 남다름을 보
여주었다.

이때까지 조선 육군의 승리는 모두 야전이었다. 즉, 빼앗겼던 성을 되찾았던 적은 없었다. 성을 탈환한 최초의 승리는 8월 1일 청주 전투였다. 조헌의 의군 1천 명과 영규의 승군 5백 명은 일본 5군 휘하의 하치스카 이에마사가 7천2백 명으로 지키던 청주성을 공격해 되찾았다. 조헌과 영규의 부대는 8월 18일, 1만 명의 일본군이 지키던 금산을 공격해 전멸되었다.

한편, 무혈입성을 허용했던 경상좌도에서도 빼앗긴 성을 되찾으려는 노력이 전개되었다. 경상좌도란 지금의 경상남북도 동쪽을 가리킨다. 조선에서 좌와 우의 구별은 서울에서 바라보는 방향으로 결정되었다. 8월 20일 경상좌병사 박진은 권응수, 정세아의 의군 5천 명과 관군 5천 명으로 경주성을 공격했지만 피해만 입고 물러났다.

9월 1일 박진은 다시 공격에 나섰다. 야음을 틈타 1천여 명의 결사대가 성 바로 아래에 잠복한 상태에서 비장의 무기가 동원되었다. 『선조수정실록』 1592년 9월 1일 자는 이날의 경주성 전투를 다음과 같이 전한다. 임진왜란 때의 일본 문헌을 종합하여 1831년 가와구치 쵸쥬가 펴낸 『정한위략』에도 거의 비슷한 서술이 나온다.

성 밖에서 비격진천뢰를 성 안으로 발사하여 진 안에 떨어뜨렸다. 적이 그 제도를 몰랐으므로 다투어 구경하면서 서로 밀고 당기며 만져보는 중에 조금 있다가 포가 그 속에서 터지니 소리가 천지를 진동하고 쇳조각이 별처럼 부서져 나갔다. 이에 맞아 넘어져 즉사한 자가 20여 명이었는데, 온 진중이 놀라고 두려워하면서 신비스럽게 여기다가 이튿날 드디어 성을 버리고 서생포로 도망하였다.

비격진천뢰는 화포 엔지니어 이장손이 만든 무기였다. 지름 21센티미터의 철환인 비격진천뢰 안에는 화약이 채워져 있었다. 즉, 철환 내부의 화약이 폭발하면 외피의 철환이 찢어지면서 피해를 입히

이장손이 만든 비격진천뢰. 사진 왼쪽에 있는 것이 비격진천뢰를 발사하는 대완포구다.

는 구조였다. 기본적인 원리는 요즘의 야포가 기본적으로 사용하는 고폭탄과 다르지 않았다. 이게 전부였다면 엔지니어링 관점에서 특별히 놀라울 일은 없었다.

비격진천뢰가 놀라운 점은 이른바 시한신관을 장비했다는 점에 있었다. 시한신관이란 포탄이 터지는 시간을 조절하는 장치다. 비격진천뢰의 경우 철환 안에 나사 모양으로 홈을 파놓은 나무, 즉 목곡을 집어넣도록 되어 있었다. 목곡에 감는 도화선, 즉 약선의 길이를 조절함에 따라 포탄의 폭파시간을 바꾸는 구조였다.

비격진천뢰가 시한신관이 달린 포탄이라면 이를 발사할 포도 당연히 필요했다. 이때 사용된 포가 대완포구 혹은 대완구다. '커다란 사발 같은 포'를 의미하는 대완포구는 구경장이 작은 박격포였다. 『선조수정실록』에 의하면 대완포구로 비격진천뢰를 발사할 경우 최대 천 미터 정도까지 날릴 수 있었다.

1592년 10월 5일, 진주목사 김시민 휘하의 3천8백 명이 지키는 진주성

을 3만 명의 일본군이 공격해왔다. 최경희와 임계영의 의군 2천여 명이 성 밖에서 일본군을 교란했지만, 숫자상 중과부적이었다. 여태껏 조선군은 일본군의 공격에서 성을 한 번도 지켜내지 못했다.

『선조실록』 1592년 12월 5일 자는 10월의 진주성 전투를 다음처럼 기록했다. "적이 북문을 5~6척이나 뚫고 그곳으로부터 들어오려고 할 때 이광악이 다시 제장을 독려하여 화살을 쏘고 돌을 던졌는데 적은 개미처럼 붙어 올라오므로 불을 밝혀 끓는 물을 쏟고 혹은 진천뢰를 던지기도 하여 죽은 자가 그 숫자를 헤아릴 수가 없었습니다."

10월 11일까지 만 6일간 계속된 전투에서 조선군은 처절하게 싸웠다. 김시민은 10일 밤에 전투를 독려하다가 일본군의 "철환이 김시민의 이마를 맞추니 성안이 소란해"졌다. 일본군은 마침내 오후 4시경 포위를 풀고 후퇴했다. 이로써 조선군은 성을 지키는 수성전에서도 일본군을 이길 수 있음을 보여주었다. 총상을 입었던 김시민은 10월 18일 결국 숨졌다.

비격진천뢰의 위력을 몸으로 겪었던 일본군은 복제품을 직접 만들기도 했다. 선조는 1594년 이래로 일본군이 전투를 적극적으로 벌이지 않는 이유가 대포를 만들기 위해서가 아닌가 의심했다. 『선조실록』 1596년 6월 26일 자에는 이에 대해 윤근수가 "대포는 왜의 배가 얇으므로 설치하지 못할 것이나, 진천뢰는 우리나라에서 배워 갔습니다"라고 답하는 기록이 남아 있다.

화약의 힘으로 날아가 폭발하는 로켓화살, 주화 또는 신기전

신기전은 구선과 더불어 일반인에게 가장 많이 알려진 조선의 무기다.

2008년에 신기전이라는 이름의 영화가 개봉되었을 정도다. 모두 372만 명이 관람한 영화 〈신기전〉은 그렇게 성공했다고 얘기하기는 어렵다. 사실 알고 보면 무기로서도 신기전은 그렇게 성공적이지는 않았다.

'신묘한 기계 화살'을 뜻하는 신기전은 기본적으로 화약의 힘으로 날아가는 로켓 화살이다. 세종 때인 1448년 최초로 개발되었다고 설명하는 경우가 있는데 이는 사실이 아니다. 최무선이 만들었던 주화를 1448년에 이름만 바꾼 결과가 신기전이기 때문이다.

신기전은 모두 네 종류가 존재했다. 크기에 따른 대, 중, 소신기전과 '불을 흩트리는' 산화신기전이다. 길이는 소신기전이 약 1.1미터, 중신기전은 약 1.5미터였고, 대신기전과 산화신기전은 5미터 이상이었다. 그중 대신기전과 산화신기전은 화살이라는 말로 그 실체를 표현하기가 쉽지 않을 정도로 컸다.

종류에 무관하게 신기전의 앞쪽에는 공통적으로 화약이 든 원기둥 모양의 약통이 부착되었다. 발사자가 외부에서 도화선으로 불을 붙이면 종이약통의 뒤쪽 단면의 조그마한 구멍으로 화염이 방출되면서 그 반작용으로 앞으로 날아가는 원리였다. 이러한 원리는 오늘날의 우주로켓인 팰컨이나 아리안에서도 그대로 적용된다.

소신기전을 제외한 나머지 세 가지 신기전에는 발화 혹은 발화통이라고 부르는 화약통이 추진력을 제공하는 약통에 추가되어 있었다. 이는 신기전이 목표물에 도달했을 때 폭발해 화살 자체의 운동에너지와 별개로 피해를 주려는 목적이었다. 즉, 앞쪽에 폭발하는 탄두가 장착되고 뒤쪽의 로켓엔진 추진력으로 날아가는 현대의 군사로켓 원리는 신기전을 그대로 따라 한 모양새다.

신기전은 어느 시기에 주로 사용되었을까? 『조선왕조실록』을 찾아보면 주화 혹은 신기전에 대한 언급은 주로 조선 초에 집중적으로 나타났다. 예를 들어, 『세종실록』 1434년 10월 15일 자는 "제주 안무사의 정계에 의거하여 제주, 정의, 대정 등 고을에 방어 소용인 현자철령 피령전, 황자진령 피령전, 금촉, 주화 등을 주기를 청하므로, 그대로 따랐다"라고 전한다. 제주의 방어에 필요한 무기 중 하나로 주화가 거론되었음을 알 수 있다.

주화 혹은 신기전이 주로 사용된 전장은 여진을 상대했던 북방이었다. 조선은 여진의 여러 부족을 속국으로 간주하면서도 적극적으로 조선의 일부로 포섭하려는 생각은 없었다. 여진의 세력이 커질까 걱정이 많았던 조선은 필요하다면 예방적 공격도 서슴지 않았다. 고구려 때 비류수라 불렸고 조선 때 파저강이라 불렸던 오늘날의 퉁자강 유역 여진인을 제압하기 위해 1433년과 1437년 두 차례에 걸쳐 조선군이 압록강을 건너기도 했다.

『세종실록』 1439년 8월 28일 자에 의하면 여진이 조선의 뒷문을 노리는 것 같다는 명의 첩보에 대해, 세종은 "군사가 각각 화살통에 금촉과 주화를 겸하여 싸 가지고 적에 임하여 내쏘는 것이 가장 좋은 계책이라"고 지시했다. 또 『문종실록』 1451년 1월 8일 자에는 함경도 방위를 책임지던 이징옥이 "신기전은 적에 대응하는 데 가장 긴요한 물건이니, 이 전을 제조하는 데 쓰이는 종이는 모름지기 급히 보내게 하소서"라고 서면으로 건의하는 기록이 있다.

조선군은 주화와 신기전을 비단 여진을 상대로만 사용하지는 않았다. 일본을 상대로도 사용했음은 당연했다. 『세종실록』 1445년 3월 2일 자는 "강 가운데서 수전을 연습하라고 명령하였다. (중략) 주화와 질려포를 쏘면서 전투하는 모양을 하는데 세자가 대군과 함께 희우정 서쪽 산봉우리에 나가서 구경하였다"라고 전한다. 조선 수군이 주화를 쏘는 훈련을 했다는 의미로 왜구와 일본을 염두에 둔 사용이 아닐 수 없었다.

왜구를 상대로 신기전을 실제로 발사한 기록은 어렵지 않게 찾을 수 있다. 『중종실록』 1522년 6월 14일 자에는 "남도포 만호 박정과 금갑도 만호 최자원 등이 노근도에서 왜선 8척을 만나 서로 싸우되, 신기전과 총통을 쏘아댔고"라는 기록이 나온다. 또 전라수사 정윤겸의 보고를 기록한 『중종실록』 1523년 6월 1일 자에도 "처음부터 신기전과 총통전을 무수히 쏘고 장전과 편전을 비 오듯이 발사"한 기록이 등장한다.

불꽃과 폭음을 흩날리며 날아와 폭발하는 신기전은 얼마나 위협적이었을까? 신기전을 처음 접하는 상대방이라면 심리적으로 위축될 법했다. 일례로, 『중종실록』 1542년 8월 6일 자에는 여러 가지 기이한 화포를 쏘아 보여 일본 사신이 두려운 마음을 품도록 신기전 발사 광경도 보여 주기로 한 기록이 남아 있다.

처음 봤을 때의 심리적 충격을 제외하면 실전에서 신기전의 활용도는 높지 않았다. 목표에 도달하는 명중률이 낮았고 발화가 없는 소신기전 같은 경우는 일반 활로 쏘는 화살보다 살상력이 더 높다고 보기도 어려웠다. 이런 사실을 깨달았는지 문종은 1451년 4월 17일 소신기전은 더 이상 만들지 말라고 군기감에 지시하기도 했다.

신기전의 더 큰 문제는 경제성이었다. 즉, 동등한 위력에 대해 소모되는 화약의 양이 다른 무기에 비해 많았다. 예를 들어, 중신기전 1발을 발사하는 데 약통에 75그램, 발화통에 약 4그램 합쳐 80그램 정도의 화약이 필요했다. 반면, 같은 양의 화약으로 승자총통은 두 번 이상 발사가 가능했고 더 소형의 주자총통이라면 열 번 넘게 쏠 수도 있었다. 또 대신기전은 1발당 2.9킬로그램의 화약이 소모되었다. 이 정도 화약이라면 조선의 화포 중 가장 큰 천자총통을 세 번 쏠 수 있었다.

비용 대 효과라는 무기의 경제성 관점에서 신기전이 낙제점에 가깝다는 사실은 이미 조선 때도 인식되었던 바다. 『세종실록』 1447년 11월 22일 자에서 세종은 "주화의 이익은 크다. 말 위에서 쓰기가 편리하여 다른 화포에 미칠 것이 아니다. 기사가 혹은 허리 사이에 꽂고 혹은 화살통에 꽂아서 말을 달리며 쏘면 부닥치는 자가 반드시 죽을 뿐 아니라, 그 형상을 보고 그 소리를 듣는 자가 모두 두려워서 항복한다. 밤 싸움에 쓰면 광염이 하늘에 비치어 적의 기운을 먼저 빼앗는다. 복병이 있는가 의심스러운 곳에 쓰면 연기 불이 어지럽게 발하여 적의 무리가 놀라고 겁에 질려 그 진정을 숨기지 못한다"라고 주화의 장점을 먼저 열거했다.

세종의 본심은 주화의 칭찬에 있지 않았다. 곧이어 "그러나 화살 나가는 것이 총통과 같이 곧지 못하고, 약을 허비하는 것이 너무 많아서 총통이 약을 쓰는 것만 같지 못하고, 거두어 갈무릴 때 조심하지 않을 수 없어 총통의 수시로 장약하는 편리한 것만 같지 못하다. 이것으로 본다면 총통의 이익이 더욱 크다"라며 총통의 손을 들어줬다.

그런 탓인지 15세기 후반 이래로 신기전은 무기보다 신호수단으로 사용되는 경우가 적지 않았다. 실제로 『선조실록』에는 신기전의 전공을 언급하는 기록이 없다. 유일하게 하나 있는 언급은 1593년 고언백이 지휘하는 조선군이 신기전을 쏘면서 벽제 전투가 시작됐다는 기록이다. 명의 이여송은 벽제 전투에서 참패해 평양으로 다시 후퇴했다.

땅에 묻어 터트리는 지뢰, 조천종의 파진포와 심종직의 지뢰포

1608년 선조의 둘째 아들 광해군 이혼이 조선의 새로운 임금이 되었다. 1575년에 태어난 이혼은 18세 때인 1592년 세자가 되어 '나누어진 조정', 즉 분조(分朝)를 이끌며 전쟁을 직접 치렀다. "이 성은 죽음으로써 반드시 내가 지킨다"라고 사람들 앞에서 공언한 뒤 다음 날 새벽 몰래 성을 빠져나가길 한성과 평양성에서 반복한 선조와는 대조를 이루는 활동이었다.

광해군은 명과 여진 사이에서 적절한 줄타기를 하려 했다. 내부의 모순으로 무너져가던 명 편에 섰다가는 세력을 키워가던 여진의 공격을 받기에 십상이었다. 이는 또 다시 나라를 전쟁에 휘말리게 만드는 끔찍한 일이었다. 그렇다고 노골적으로 명을 버리고 여진의 편을 들기에는 대내외의 명분이 부족했다. 조선 땅에서 일본군을 막는 쪽이 낫다는 계산하에 명이 참전했지만 어쨌거나 조선의 양반들에게 명은 나라를 구원해준 은인이었다.

고대 한국과 여진의 선조는 쉽게 떼려야 뗄 수 없는 관계였다. 여진의 가장 오랜 선조인 숙신은 단군조선의 일부였다. 이들은 시기에 따라 읍루, 물길, 말갈, 여진, 만주족 등으로 불렸다. 물길은 고구려의 신민이었고 말갈은 발해의 신민이었다. 그들 중 일부는 아예 고대 한국인으로 흡수되기도 했다. 일례로, 이성계와 함께 왜구를 토벌하고 위화도 회군까지 같이한 이지란은 1371년에 부하를 이끌고 고려에 귀화한 여진인이었다.

조선을 바라보는 여진의 마음도 명을 바라보는 마음과는 달랐다. 한족 국가인 명이 오직 타도의 대상이라면 조선은 애증의 대상이었다. 때

1616년 후금을 건국한 누르하치. 그는 신라 멸망 후 만주로 망명한 신라 왕가의 후손으로 알려져 있다.

론 약탈을 하기도 하고 또 공격을 받기도 했지만, 완전히 남이라고 할 수 없는 상대였다. 여진은 1592년 9월 정병을 보내 왜노를 해치워 주겠다고 조선에게 먼저 제안할 정도였다.

여기에는 그럴 만한 이유가 있었다. 당시 건주 여진의 지배자는 아이신쒜뤄 누루하치였다. 누루하치의 성 아이신쒜뤄는 한자 애신각라(愛新覺羅)를 만주어로 읽은 발음이었다. 애신각라를 풀어보면 '신라를 사랑하고 새긴다'라는 뜻이었다. 즉, 누루하치는 신라 멸망 후 만주로 역망명한 신라 왕가 김씨의 후손이었다. 이는 1778년에 편찬된 청의 공식 역사서 『흠정만주원류고』에 나오는 이야기다.

이게 전부가 아니었다. 여진의 첫 번째 국가 금은 완안 아구다가 1115년에 요동에 세웠다. 원 때 쓰여진 금의 공식 역사서 『금사』는 완안 아구다의 8대조 이름이 "함보로서 고려에서 왔다"라고 전한다. 1646년에 죽은 조선의 김세렴은 『해사록』에서 "아구다가 경순왕의 외손이고 권행의 후손"이라고 썼다. 경순왕은 신라의 마지막 왕으로 이름은 김부고 권행은 원래 김씨였다가 930년 왕건에게 투항하면서 안동 권씨의 시조가 된 사람이다.

그러고 보면 완안 아구다는 국가 이름을 김씨 성을 나타내는 '쇠 금'으로 지었다. 누루하치가 1616년 건국한 나라 이름을 '후금'으로 지은 이유도 마찬가지였다. 말하자면 여진에게 고대 한국은 곧 부모의 나라였다.

한족의 중화사상에 눈이 가려 이를 인정할 마음이 없었던 선조와 양반들은 누루하치의 원병을 단박에 거절했다. 1596년 다시 누루하치는 조선과 우호를 위한 동맹을 맺기를 청했지만 조선의 사신 김희윤은 "각자 자기의 국경만 지키면 되지 우호동맹을 맺을 필요는 없다"라며 거절했다. 『선조수정실록』 1596년 2월 1일 자에 나오는 기록이다.

1612년 광해군은 새로운 무기의 개발을 승인했다. 『광해군일기』 1612년 11월 12일 자는 "시험 삼아 파진포를 쏘아 보도록 하니, 이륜철이 돌과 서로 마찰하면서 금세 저절로 불이 일어나 철포가 조각이 나고 연기와 화염이 공중에 가득하였으며 불덩이가 땅 위에 닿으면서 절반쯤 산을 불태웠습니다. 만일 적이 오는 길에 다수를 묻어 둔다면 승패의 변수에 크게 유익하겠습니다"라고 병조가 보고한 기록이다.

충청도의 화포 엔지니어 조천종이 만든 파진포는 땅에 묻어 놓고 그 위를 사람이나 말이 지날 때 터트리는 폭탄이었다. 쉽게 말해, 지뢰였다. 냄비만 한 크기의 파진포는 제작에 100킬로그램 정도의 무쇠가 사용됐다. "그리 무겁고 크지 않아 한 마리의 말에 싣고도 멀리 갈 수 있고", "만드는 공역도 크지 않으며", "이 포는 이로운 점만 있고 해로운 점이 없으니, 서둘러 만들어야 하겠습니다"라는 병조의 건의는 호감을 넘어선 열광 상태를 보여준다. 상대가 누구든 조선의 국방에 도움이 되리란 점은 분명했다.

1618년 명은 후금을 공격하겠다며 조선에 파병을 명령했다. 광해군은 후금을 적으로 돌리고 싶지는 않았지만 대놓고 파병을 거절하기엔 양반들의 압박이 거셌다. 광해군은 강홍립이 지휘하는 1만3천 명을 마지못해 파병했다. 1619년 명군이 사르후에서 후금군에게 대패하면서 조선군은 푸차에서 8천여 명을 잃었다. 강홍립은 남은 4천여 명과 함께 후금군에게 항복했다.

1623년 이귀, 김류 등이 주도한 반란으로 광해군은 왕위를 조카 이종에게 빼앗겼다. 광해군이 만들게 한 파진포는 실전에 사용된 기록이 없다.

1625년 파진포와 역할은 비슷하지만 이름이 다른 무기가 새롭게 등장했다. 이름하여 지뢰포였다. 『인조실록』 3월 7일 자에 "신들이 홍제원에 가서 지뢰포를 시험 삼아 쏘아 보건대, 규격과 제작이 매우 좋아 땅속에 묻은 화승이 연속해서 타다가 터졌습니다. 전수하는 곳에서 사용한다면 반드시 큰 도움이 있을 것이니, 서로의 전수하는 곳으로 하여금 시급히 만들게 하여 위급할 때 쓰도록 하소서"라며 비변사가 건의하는 기록에 지뢰포가 나온다.

파진포는 차륜식 격발장치를 쓰는 데 반해 지뢰포는 그냥 약선에 불을 붙이는 방식이었다. 폭약도 지뢰포는 진천뢰를 여럿 연결한 구조였다. 지뢰포를 개발한 사람이 누군지는 확실하지 않다. 다만 『인조실록』의 "심종직이 늘 지뢰포에 대해 말하지만"이라는 구절로부터 심종직이 만들었다는 추측을 할 뿐이다.

인조 이종은 광해군과는 달리 선명한 입장이었다. 자신을 왕으로 만들어 준 서인의 눈치를 보지 않을 수 없었을 터였다. '명을 바라보며 금을 배척한다'라는 향명배금(向明排金)을 대외적으로 표방했고 평안도 철산 앞바다의 가도에 주둔 중인 명의 모문룡 군대에게 식량과 무기를 제공해주었다. 심종직의 지뢰포가 필요해도 많이 필요하게 될 행동이었다.

와중에 조선에 호의가 있었던 누루하치가 1626년 명의 원숭환이 지키는 요녕 영원성을 공격하다가 부상을 입은 후 결국 숨졌다. 뒤를 이은 누루하치의 여덟째 아들 홍타이지(태종)는 아버지만큼의 호의는 없었다. 1627년 1월 14일 후금은 아민의 3만 병력으로 조선을 침공했다. 정묘호란, 즉 조선-후금전쟁의 발발이었다.

파진포와는 달리 지뢰포는 실전에 투입된 듯하다. 『인조실록』 1627년 6월 10일 자에는 "문경남의 말을 듣건대, 전에 평양에 있을 적에 특별히 제조하였는데 적을 막는 기구로는 이보다 나은 것이 없다고 하였습니다. (중략) 황주, 안주 두 성에 문경남을 보내어 각각 지뢰포 4~5좌를 만들고"라는 기록이 나온다.

아민의 후금군은 의주, 정주, 안주, 평양, 황주를 차례로 점령하고 평산까지 진출했다가 3월 3일 조선과 형제 관계를 확인하는 조약을 맺고 철군했다. 후금군이 유린했던 성을 차례로 언급했다는 점에서 위 기록은 조선-후금전쟁 당시 조선군이 평양 방어에 지뢰포를 사용했다는 증거가 될 법하다.

조선은 그 후로도 지뢰포의 수를 계속 늘렸다. 『인조실록』 1628년 9월 14일 자는 평안병사 윤숙이 "기계 역시 갖추어지지 못하고 있는데, 이른바 지뢰포는 오랑캐를 방어하는 데 가장 중요한 무기입니다. 그래서 전병사 신경원이 힘을 쏟아 조치해 놓은 결과 지금 포좌 1백 개를 이용 가능한데, 거기에 소요되는 화약 1만여 근과 약선을 만드는 후지 5백여 권은 지방이 결딴난 나머지 마련할 길이 없습니다"라고 보고한 기록이다.

지뢰포의 증강 배치는 별 도움이 되지는 않았다. 1636년 4월 나라 이름을 청으로 바꾼 홍타이지(태종)는 12월 조선을 다시 침공했다. 병자호란이었다. 홍타이지는 평안도와 황해도의 성을 모조리 무시하고 한성으로 곧장 들이닥쳤다. 남한산성으로 몸을 피한 인조는 결국 식량이 떨어져 1637년 1월 30일 항복했다.

【 3부 】

엔지니어가 관련된
역사적 사건

9
신라인 구진천은 당과 신라 사이에서 어떠한 선택을 했나?

당의 힘을 빌려 개인적 원한을 갚고자 했던 신라의 김춘추

전쟁은 국가와 국가 사이에, 좀 더 엄밀하게는 사람과 사람 사이 씻기 어려운 원한을 만들어낸다. 부도덕한 욕심도 마찬가지다.

왕가가 같은 고씨인 고구려와 백제는 원래 사이가 험악할 이유는 없었다. 371년 고국원왕 고사유가 백제 근초고왕의 공격을 평양성에서 막다가 죽은 뒤에는 험악해졌다. 고사유의 증손자 장수왕은 414년에 세운 광개토대왕릉비에서 백제를 '백잔'이라 칭하며 경멸의 감정을 드러냈다. 그걸로도 모자랐는지 475년 수도 한성을 방어하다 도망친 개로왕을 사로잡아 죽였다. 이후 서로가 서로를 같은 하늘 아래 살 수 없는 원수로 여기게 됨은 당연했다.

신라는 고구려나 백제와 전쟁은 할지언정 원한이 깊지 않았다. 백제와 왜의 협공이 심할 때는 고구려의 원조를 요청했고, 반대로 고구려의 남하로 위태로워지면 다시 백제와 손을 잡았다. 신라에게 백제 및 고구려와의 관계는 지배적인 승자가 있을 수 없는 가위바위보 비슷했다. 642년 이전까지는 그랬다.

642년 8월 백제의 윤충은 1만 병력으로 신라의 대야성을 공격해 함락시켰다. 대야성은 경상남도 합천의 취적산에 위치한 성이었다. 원래 5세기에 가야가 지은 성을 신라가 고쳐서 썼다. 대야성의 전략적 가치를 높이 본 신라는 565년 대야성을 낙동강 서안인 하주의 주도로 삼았다. 대야성의 서쪽은 경사가 급한 절벽이고 남쪽과 동쪽은 황강이 흘렀다. 즉, 방어에 유리한 천혜의 요지로 이전까지 한 번도 함락된 적이 없는 성이었다.

대야성을 지키던 신라 장수는 김품석이었다. 『삼국사기』에 따르면 김품석은 이전에 부하 장수인 검일의 아내를 빼앗았다. 예쁘다는 이유였다. 검일은 피눈물을 흘렸지만 뒷배경이 좋은 김품석은 아무렇지도 않았다.

검일은 백제에 투항했던 모척과 함께 윤충의 대야성 공격 때 대야성의 창고에 불을 질렀다. 이미 7월에 백제군의 공격으로 미후성 등 서쪽의 40여 성을 빼앗긴 데다 식량마저 타버린 김품석은 항복했다. 윤충은 김품석은 물론이고 그의 처자까지 목을 베어 부여로 보냈다. 또 남녀 1천여 명을 사로잡아 백제로 강제 이주시켰다.

포로로 잡아갔다가 몸값을 받고 풀어주는 방법도 있었지만 윤충은 김품석 가족에게는 그러지 않았다. 인륜에 반하는 김품석을 처단한다는 의미가 있었을 터였다. 김품석의 부인과 자식의 처형은 과했다.

위 사건에 피눈물을 흘리는 사람이 또 생겼다. 자신의 할아버지가 진지왕 김사륜이고 아버지가 629년 고구려 낭비성을 함락시킨 김용춘인 신라의 진골 귀족, 김춘추였다. 김춘추의 딸이 바로 김품석의 아내였다. 즉, 김춘추는 대야성 전투로 맏딸 김고타소랑과 사위 김품석, 그리고 외손까지 잃었다. 『삼국사기』는 이때 딸의 소식을 들은 김춘추가 "기둥에 기대어 서서 하루 종일 눈도 깜박이지 않았고, 사람이나 물건이 그 앞을 지나가도 알아채지 못하였다"라고 전한다.

눈이 뒤집힌 김춘추는 백제에게 복수하기를 원했다. 일회성 보복이 아니라 백제의 멸망을 바랐다. 문제는 자신과 신라에게 그만한 힘이 없다는 점이었다. 과거보다 나아졌다고 해도 여전히 신라는 단독으로 백제 하나 상대하기도 버거운 입장이었다.

김춘추의 일차 선택지는 고구려였다. 고구려는 여전히 세 나라 중 가장 강한 나라였다. 200여 년 전이긴 하지만 400년 신라의 간청에 광개토왕은 5만 명의 보병과 기병을 보내 왜군을 깨고 가야를 항복시켰다. 412년 신라는 왕자 김복호를 고구려에 볼모로 보냈다. 그해 고구려 왕이 된 장수왕의 요구 때문이었을 가능성이 높다.

김춘추는 그해 막 고구려의 왕이 된 보장왕을 찾아갔다. 『삼국사기』는 "지금 백제는 무도하여 긴 뱀과 큰 돼지가 되어 저희 영토를 침범하므로 저희 임금이 대국의 병마를 얻어서 그 치욕을 씻고자 합니다"라는 김춘추의 말을 전한다. 보장왕은 "죽령은 본래 우리의 땅이니, 너희가 만약 죽령 서북의 땅을 돌려준다면 군사를 내줄 수 있다"라고 답했다. 그럴 수는 없다고 대답한 김춘추는 잠시 억류되었다가 풀려났다.

아무런 대가도 없이 군대를 보내달라는 김춘추의 요청은 무리였다. 고구려는 30년 전 수를 상대로 총력전을 펼친 데다가 호시탐탐 고구려를 노리는 당의 위협을 느끼던 중이었다. 통일된 한족 왕국을 옆에 두고 병

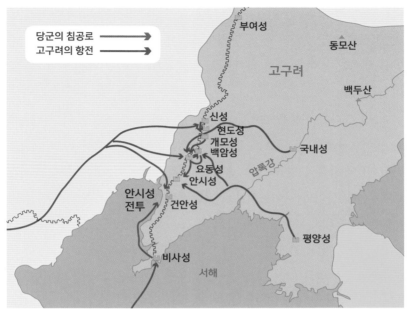

 내 지도 내 라벨들:
부여성
동모산
고구려
백두산
신성
현도성
개모성
백암성
국내성
요동성
압록강
안시성
안시성
전투
건안성
평양성
비사성
서해

당군의 침공로
고구려의 항전

645년 당의 고구려 침입 경로

력을 남쪽으로 돌리는 일은 빈집을 털어가라고 문을 열어주는 꼴이었다.

신라는 611년 수가 고구려를 상대로 전쟁 준비를 할 때 먼저 수의 군대를 요청한 적이 있었다. 수가 망하고 당이 들어선 후인 621년부터는 당에게 거의 2년에 한 번씩 꼬박꼬박 조공을 바쳤다. 626년에는 당으로부터 "고구려와 서로 화친하라"라는 전갈을 받기도 했다. 631년에는 "대당에 사신을 보내 미녀 두 사람을 바쳤다." 당의 태종 이세민은 미녀를 돌려보냈다.

이제 김춘추에게 남은 선택지는 당뿐이었다. 신라는 643년 1월, 643년 9월, 644년 1월에 연달아 사신을 당에 보냈다. "삼가 저의 신하를 보내어 대국에 운명을 맡기니, 바라건대 약간의 군사를 내어 구원해주십시오"

라는 것이 편지의 내용이었다. 당 태종은 자신의 요동 공격, 신라에게 당의 빨간 군복과 깃발의 제공, 당에서 파견된 왕의 신라 통치라는 세 가지 안을 제시했다. 아무 답도 하지 못하는 사신을 두고 당 태종은 용렬하다며 탄식했다.

645년 드디어 이빨을 드러낸 당 태종은 고구려를 침공했다. 신라는 3만 병력으로 고구려 남쪽을 공격했다. 『삼국사기』는 "백제가 그 빈틈을 타서 나라 서쪽의 일곱 성을 습격하여 빼앗았다"라고 전한다. 고구려, 백제, 신라 사이의 가위바위보는 여전했다. 게다가 신라가 기대했던 당 태종은 고구려라는 벽을 넘지 못했다. 김춘추는 백제에 집중하기로 결심했다.

648년 김춘추는 직접 당에 가 당 태종을 만났다. 흉악한 백제를 "폐하께서 천조의 군사를 빌려주시어" 잘라 없애달라는 청이었다. 이세민의 마음을 사기 위해 김춘추는 앞으로 신라가 당의 의복과 연호 등 제도를 따르겠다고 천명했다. 신라가 당의 속국이 되겠다는 얘기였다. 심지어 그는 자신의 셋째 아들 김문왕을 볼모로 당에 남겨 두고 돌아왔다.

649년 신라는 실제로 당의 의관 착용을 공식화했다. 650년에는 진덕왕 김승만이 당을 기리는 『오언태평송』을 짓고 손수 짠 비단에 직접 가사를 수를 놓아 이세민의 아들 이치(고종)에게 바쳤다. 내용은 아래와 같다.

위대한 당나라가 왕업을 개창하니 높디높은 황제의 포부 창성도 하여라. 전쟁을 그치니 천하가 안정되고 문치를 닦아 대대로 잇게 하였도다. 하늘의 뜻을 잘 받드니 은혜의 비가 내리고 만물을 다스림에 저마다 미덕을 머금었도다. 깊은 어짊은 해와 달에 짝할 만하고 시운을 어루만져

태평세월을 갈구하도다. 깃발은 어찌 그리 빛나게 나부끼며 진중의 징과 북소리 어찌 그리 우렁찬가. 황제의 명을 거스르는 외방 오랑캐는 칼날에 목 베여 천벌을 받으리라. 순박한 풍속이 곳곳에 스며드니 먼 곳 가까운 곳 없이 다투어 상서를 바치도다. 계절마다 기후가 고르고 화창하며 해와 달, 뭇별이 만방을 두루 도네. 산악의 정기 어진 재상 내리시고 황제는 충성스럽고 선량한 신하를 등용하였도다. 삼황오제가 이룬 순수한 덕이 우리 당나라 황제를 밝게 비추리라.

654년 김춘추는 신라의 왕이 되었다. 660년 드디어 김춘추의 복수는 실현되었다. 당 고종은 소정방에게 13만 명의 수군과 육군을 주어 백제

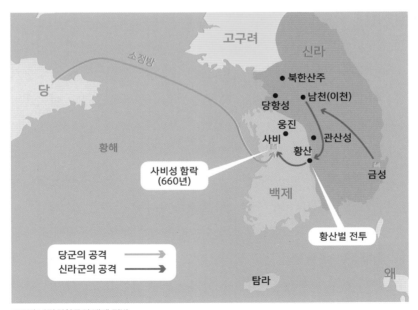

660년 나당연합군의 백제 정벌

를 침공하게 했다. 김춘추는 5만 명으로 당군에 호응했다. 백제는 그만한 병력을 감당할 방법이 없었다. 김춘추는 사비성(부여)에서 당군을 위한 주연을 열어 항복한 백제의 의자왕에게 대청마루 아래에서 술을 따르게 했다. 같은 날 모척의 목을 베고 검일의 사지를 찢어 죽였다.

백제의 멸망으로써 김춘추의 꿈은 이루어졌다. 김춘추는 거기까지였다. 일생의 복수를 달성해서였을까, 김춘추는 다음 해인 661년 숨을 거두었다.

백제와 고구려를 차례로 멸망시킨 당이 탐냈던 신라군의 쇠뇌

당의 계산은 달랐다. 변방의 나라가 알아서 당의 속국이 되겠다고 하니 마다할 이유가 없었다. 자꾸 기어오르는 백제를 혼내 주는 데에 약간의 원군도 보낸다 하니 즐거운 일이었다. 백제를 멸망시키면 한반도 남쪽을 다 가지는 셈이었다. 신라는 이미 속국이었고 백제의 땅은 직접 통치할 생각이었다. 백제의 멸망은 당의 승전이지 신라의 승전이 아니었다. 실제로 당은 660년 9월 23일 백제 영토 전체를 관할하는 웅진도독으로 왕문도를 파견했다. 왕문도와 김춘추는 동급이었다.

그게 당에게 전부가 아니었다. 한반도 남쪽에 영토를 획득하면 도대체 꺾기 어려운 상대인 고구려를 공략해볼 실마리가 생겼다. 아마도 당 고종에게는 이게 더 중요했을 듯싶다. 수의 양제가 치욕적인 패배를 당하고 당 태종마저 부상을 입고 물러났던 고구려를 양면 전쟁으로 끌고 갈 수 있어서였다. 고구려의 군대가 분산되는 만큼 당이 소모전에서 승리할 가능성이 커졌다.

한 가지가 더 있었다. 수 양제와 당 태종이 고구려에 패배한 큰 이유는 식량이었다. 당 입장에서 수십만 병력을 동원하기가 불가능하지는 않았다. 이 정도 병력을 적국의 영토인 고구려에서 굶지 않게 하는 것은 다른 문제였다. 군대의 규모가 커질수록 보급의 어려움은 그 이상으로 커졌다. 잘 먹지 못하는 군대는 봄날의 눈송이처럼 녹아내렸다. 신라군이 고구려 원정에 나선 당군의 취사병이 된다면 그야말로 금상첨화였다.

이러한 시나리오를 모르지 않았을 고구려는 660년 11월 신라의 칠중성을 공격해 성주 필부를 죽였다. 당 고종은 660년 12월 계필하력, 소정방, 소사업 등이 지휘하는 35개 군으로 고구려 원정에 나섰다. 661년 10월 당은 새로 신라 왕이 된 문무왕에게 "평양으로 군량을 수송하라"라고 명령했다. 소정방의 당 수군은 661년 8월부터 평양성을 포위 중이었다.

문무왕은 당 고종의 명령을 충실히 따랐다. 662년 1월 김유신 등의 약 1만5천 병력은 수레 2천여 대에 쌀 4천 석과 조 2만2천여 석을 싣고 평양을 향해 출발했다. 같은 달 연개소문이 지휘하는 고구려군은 임아상과 방효태 휘하의 10만 당군을 사수에서 전멸시켰다. 후대의 역사가들은 사수 전투를 을지문덕의 살수 전투나 양만춘의 안시성 전투와 같은 급으로 놓는다. 김유신의 신라군은 662년 2월 소정방에게 곡식을 전달했지만 피해가 컸던 당군은 평양성 포위를 풀고 도망쳤다. 여전히 당은 고구려의 상대가 아니었다.

663년 당 고종은 문무왕을 계림주대도독으로 임명했다. 신라의 공식 명칭이 당의 계림대도독부로 바뀐다는 의미였다. 664년 1월부터는 여자들도 당의 의복을 입도록 정했다. 또 웅진도독부에 28명을 보내 당의 음악을 배우게 했다. 665년에는 비단과 베의 규격을 당의 기준에 맞췄다.

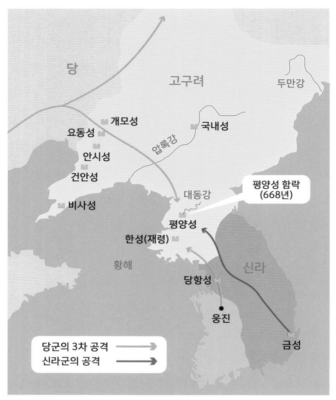

당과 신라의 고구려 정벌

데리고 살던 가족만 빼고는 다 당의 것으로 바꿀 기세였다.

그 후 고구려가 안에서 무너지는 일이 벌어졌다. 666년 1월 연개소문이 죽자 연개소문의 큰아들 연남생과 작은 아들인 연남건, 연남산 사이에 다툼이 생겼다. 다툼에 진 연남생은 국내성으로 도망쳐 당 고종에게 도움을 청했다. 외적을 앞에 두고 내부가 분열된 나라 치고 망하지 않는 경우란 없었다.

분위기를 파악한 문무왕은 666년 4월 "고구려를 멸망시키고자 하여 당나라에 군사를 요청하였다." 연남생과 연개소문의 동생 연정토는 이제 당의 앞잡이가 되었다. 666년 12월 당 고종은 이세적을 시켜 다시 고구려 공격에 나섰다. 667년 8월 문무왕은 당 고종의 명령을 받들어 4만여 병력으로 경주를 출발했다가 11월 당군의 철수와 함께 되돌아왔다. 668년 2월 침공을 재개한 당군은 분열된 고구려의 성을 차례로 함락시켰다. 당군의 장수가 된 연남생은 평양성 공격에 앞장섰다. 668년 6월에 출발한 신라 병력은 7월에 당군에 배속되었다.

668년 9월 연남산이 이세적에게 투항하고 내부의 배신자가 나오면서 결국 평양성이 함락되었다. 10월 당군은 보장왕을 비롯한 20만여 명의 포로를 잡아 당으로 귀환했다. 한성에 대기 중이던 문무왕은 당군을 만나려 평양을 향했다가 헛걸음했다. 11월 문무왕은 포로 7천 명을 데리고 경주로 돌아왔다. 고구려의 멸망도 당연히 당군의 전공이었다. 12월 당은 평양에 안동도호부를 설치했다.

당은 신라를 두려워하지 않았다. 그럴 이유가 없었다. 신라는 이미 당의 일부였다. 또 당에게는 문무왕의 첫째 동생 김인문도 있었다. 651년 김문왕의 뒤를 이어 당의 볼모가 되었던 김인문은 이후 694년 66세의 나이로 죽을 때까지 총 22년간을 당에서 살았다. 김인문은 문무왕이 혹시라도 다른 마음을 먹으면 얼마든지 문무왕을 대신할 수 있는 카드였다.

당이 탐을 내는 게 하나 있었다. 신라군의 쇠뇌였다. 소규모일지언정 신라군의 전투 실력도 지켜본 당군이었다. 당군은 쇠뇌만큼은 당보다 신라가 낫다고 인정했다.

한자로 노(弩)에 해당하는 쇠뇌는 쇠로 된 발사장치가 달린 활이었다.

중세 유럽에서 제노바 등의 이탈리아 용병대가 즐겨 사용했던 석궁도 쇠뇌의 일종이었다. 아시아에서 노, 강노, 연노, 만노, 노기 등의 다양한 이름으로 불렸던 쇠뇌는 중국 남부에서 유래되었다. 한족의 진과 한은 쇠뇌를 주요 무기로 사용했다. 활보다 직사의 파괴력이 높은 쇠뇌는 흉노 등 기병이 강한 적을 상대하기에 좋았다.

한 멸망 후 대체로 잊혀졌던 쇠뇌를 중국에서 일부나마 되살린 나라가 당이었다. 선대 한족 국가의 영광과 지혜를 뒤따른다는 의미였을 터다. 이정은 630년 북쪽의 돌궐을, 634년에는 북서쪽의 토욕혼을 공격해 승리한 당의 장수였다. 그는 자신의 보병 중 20퍼센트를 쇠뇌로 무장시켰다. 645년 당 태종의 고구려 침공 때 75세의 이정은 종군하기를 희망했지만 이루어지지는 않았다. 어쨌거나 쇠뇌는 당군에게 익숙한 무기였다.

신라는 과거부터 쇠뇌를 중시하던 나라였다. 1060년 송의 구양서 등이 편찬한 『신당서』에는 "신라는 항상 쇠뇌를 쏘는 군사 수천 명을 주둔시켜 수비하였다"라는 기록이 나온다. 또 『삼국사기』에 의하면 558년 "나마 신득이 포노를 만들어 바치니, 그것을 성 위에 설치하였다"라는 기록이 있다. 나마는 신라의 17관등 중 위에서 열한 번째고 포노는 한 번에 여러 발의 화살을 쏠 수 있는 다발식 쇠뇌다.

더 구체적인 기록도 있다. 『삼국사기』는 661년 5월 9일 "고구려의 장군 뇌음신과 말갈의 장군 생해가 군사를 합하여 술천성을 공격해왔다. 이기지 못하자 북한산성으로 옮겨가서 공격하는데 (중략) 성의 무너진 곳마다 즉시 망루를 만들고 밧줄을 그물같이 얽어서 소와 말의 가죽과 솜옷을 걸치고 그 안에 노포를 설치하여 막았다"라고 전한다. 662년 2월에 "김유신이 만노를 한꺼번에 발사하게 하였고 고구려 군대는 우선 퇴각하였다"라는 기록도 있다.

당은 신라의 쇠뇌 테크놀로지를 탐냈다. 당 고종은 문무왕에게 쇠뇌를 만드는 장인을 당으로 보내라고 명령했다.

쇠뇌 테크놀로지를 지킨 신라가 당을 상대로 전쟁을 일으키다

『삼국사기』에 의하면 669년 "겨울에 당 사신이 도착하여 조서를" 전했다. 여기서 겨울은 11월이나 12월에 해당된다. 문무왕은 당 고종의 명령을 따랐다. 쇠뇌 엔지니어 구진천은 당 사신과 함께 당으로 들어갔다.

구진천은 『삼국사기』에 등장하는 실제 인물이다. 국사편찬위원회는 구진천을 '쇠뇌 기술자'로 묘사하였다. 『삼국사기』에 나오는 원래 한자는 '노사(弩師)'였다. 노는 쇠뇌를 뜻하고 사는 '스승 사'였다. '스승 사'에는 스승이란 뜻 외에도 '신령'이라는 뜻과, 악기를 연주하는 사람을 뜻하는 악사처럼 '전문적인 기예를 닦은 사람'이라는 뜻도 있다. 즉, 노사는 '쇠뇌 제작의 대가'를 가리키는 말로 볼 수 있다. 단순한 기능공이 아니었을 가능성이 크다.

구진천이 보통의 기능공이 아니었으리라는 다른 근거도 있다. 구진천은 사찬이었다. 사찬은 여덟 번째 관등이었다. 5두품 이하의 신분은 될 수 없는 사찬은 진골 아니면 6두품만 가능한 관등이었다. 이러한 구분은 신라 특유의 골품제에서 비롯되었다. 골품은 글자 그대로 '뼈의 등급'이었다. 즉, 부모의 신분을 그대로 물려받는 제도였다.

고대에 계급제는 어디서나 존재했다. 대개는 왕족과 귀족, 평민, 그리고 노예의 네 단계로 구분되었다. 신라의 골품제는 그 치밀함이 남달랐다. 왕족인 진골은 첫 번째 관등인 이벌찬까지 가능했다. 신라의 귀족은 다 같은 귀족이 아니었다. 귀족 중 제일 높은 6두품은 여섯째 관등인 아찬이 오를 수 있는 가장 높은 위치였다. 두 번째로 높은 5두품은 열 번째 관등인 대나마까지였다. 귀족 중 가장 지위가 낮은 4두품은 열두 번째 관등인 대사가 끝이었다. 3두품, 2두품, 1두품의 세 단계로 구별되는 평민은 아예 관직에 나갈 수가 없었다.

신라의 골품제는 단지 관직의 제한에 그치지 않았다. 집의 크기, 입는 옷의 종류, 수레의 크기 등까지 정교하게 규정하였다. 금과 은 같은 귀금속은 오직 진골에게만 허락되었다. 결혼도 같은 계급 내에서 이루어졌다. 간혹 다른 계급끼리 하는 경우도 있었지만, 태어나는 아이는 부모 중 계급이 낮은 쪽의 계급을 물려받았다.

일례로, 이두를 집대성했고 강수,

관등		골품			
등급	관등명	진골	6두품	5두품	4두품
1	이벌찬				
2	이찬(이척찬)				
3	잡찬				
4	파진찬				
5	대아찬				
6	아찬				
7	일길찬(길찬)				
8	사찬				
9	급벌찬				
10	대나마				
11	나마(내마)				
12	대사				
13	사지(소사)				
14	길사				
15	대오				
16	소오				
17	조위				

신라의 관등과 골품제

최치원과 함께 신라 삼현으로 꼽히는 설총은 아버지가 설서당, 어머니가 김고타소랑의 바로 밑 동생이었다. 617년에 태어난 설서당은 나중에 승려 원효가 된 인물이고 김고타소랑은 김춘추의 큰 딸이다. 즉, 설총은 아버지가 6두품, 어머니가 진골이라 본인은 6두품이었다. 655년에 태어난 설총은 717년에 열한 번째 관등인 나마였다. 6두품일지언정 어머니가 공주인 데다가 본인이 문장가로 이름을 떨쳤던 설총이 나마라면 사찬인 구진천이 결코 가벼운 인물은 아니었으리라 짐작할 수 있다.

골품제는 국가로서 신라의 건강함을 뿌리부터 썩게 만드는 제도였다. 아무리 타고난 능력이나 남다른 노력으로 성취를 이루어도 골품이 높지 않으면 소용없었다. 예를 들어, 최견일이 아들 최치원을 12살 때 당으로 보내 공부시킨 이유가 6두품인 자신과 아들이 신라에서 할 수 있는 일의 한계가 분명해서였다. 장보고가 청년 때 당으로 건너간 이유도 자신의 골품 때문이었다. 진골이 아니면서 재주와 야망이 있는 사람은 신라를 떠나기 마련이었다.

645년 당의 장수로 주필산 전투에서 전사한 설계두도 원래는 6두품이었다. 『삼국사기』는 "신라에서는 사람을 등용하는 데 골품을 따진다. 진실로 그 족속이 아니면, 비록 큰 재주와 뛰어난 공이 있더라도 넘을 수가 없다. 나는 원컨대, 서쪽 중국으로 가서 세상에서 보기 드문 지략을 떨쳐서 특별한 공을 세워 스스로 영광스러운 관직에 올라 고관대작의 옷을 갖추어 입고 칼을 차고서 천자의 곁에 출입하면 만족하겠다"라는 설계두의 말을 전한다.

그러므로 구진천은 어쩌면 일생일대의 기회를 얻었을지도 몰랐다. 621년 밀항으로 당에 건너가 20년 넘게 고생한 설계두보다 나은 처지였다.

갖고 있는 지식과 경험을 보여주면 당의 고관이 될 가능성이 컸다. 신라와 달리 당에는 신분에 따른 관등의 제약이 없었다.

구진천은 목노, 즉 나무 쇠뇌를 만들도록 명령받았다. 노포를 일컫는 다른 이름인 목노는 병사가 들고 다니는 개인 휴대용 쇠뇌가 아닌 대형 쇠뇌였다. 구진천이 만든 목노는 성능이 실망스러웠다. 발사해보니 화살이 고작 30보 날아갈 뿐이었다. 당의 규격으로 1보는 1.5미터였다. 즉, 45미터 날아가는 데 그쳤다. 당 고종은 구진천에게 물었다.

"너희 나라에서는 쇠뇌를 만들어 쏘면 1,000보가 날아간다고 들었는데, 지금은 겨우 30보밖에 나가지 않는 것은 어째서인가?"

구진천은 다음처럼 대답했다. "재목이 좋지 않기 때문입니다. 만약 본국의 재목을 가져오면 그것을 만들 수 있습니다." 당 고종은 다시 사신을 보내 목재를 구해오게 했다. 열 번째 관등인 대나마 복한이 신라의 목재를 가져다 바쳤다. 구진천은 구해온 목재로 목노를 다시 만들었다. 새로 만든 목노의 사정거리는 60보였다. 당 고종이 다시 까닭을 묻자 구진천이 답했다.

"신 또한 그 이유를 모르겠습니다. 아마도 나무가 바다를 건너면서 습기에 젖었기 때문인 듯합니다."

『삼국사기』에 따르면 당 고종은 "그가 일부러 만들지 않는다고 의심하여 무거운 벌로 위협하였지만, 끝내 그 재능을 다 바치지 않았다." 이후 구진천이 어떻게 됐는지에 대한 기록은 없다. 아마도 죽임을 당했을 가능성이 크다.

무슨 일이 벌어졌던 걸까? 구진천의 말처럼 목재가 항해 중 습기에 젖었기 때문은 아닐 듯싶다. 더 쉬운 설명은 당 고종의 의심처럼 구진천이 일부러 엉터리로 만들었다는 쪽이다.

의도적이었다면 구진천은 왜 그랬을까? 당에서의 출셋길을 마다하고 목숨을 걸고 그래야 할 이유가 무엇이었을까? 두 가지 이유가 남는다. 하나는 문무왕에게 위협을 받았을 가능성이다. 쇠뇌 테크놀로지를 당에 누설하면 구진천의 가족을 몰살하겠다고 했을지도 모른다.

이러한 설명은 한계가 있다. 그런 위협을 받았다면, 그리고 구진천이 가족을 살리고 싶었다면 다른 방법이 있었기 때문이다. 당에 들어가는 대로 당 고종에게 자신의 가족을 모두 당에 데려다 달라고 얘기하면 그 만이었다. 당 고종이 그러한 명령을 내렸을 때 문무왕이 거부하면 이는 곧 반역이었다. 신라인으로서의 정체성을 버리고 당의 신민으로서 살아 갈 선택지가 구진천에게는 있었다. 당시 많은 신라인이 그러한 삶을 택했 지만 구진천은 아니었다.

그렇다면 남은 설명은 단 하나였다. 구진천이 스스로 제 실력을 발휘 하지 않은 경우였다. 1,000보를 날아가는 쇠뇌를 만들어주면 신라가 당 을 배신하고 공격했을 때 그 쇠뇌로 신라가 공격받을 수 있었다. 그런 일 이 일어나지 않도록 자신의 목숨과 맞바꾼 자기희생이었다.

신라는 곧바로 행동에 나섰다. 670년 3월 설오유에게 1만 명을 주어 고구려의 유민 고연무가 지휘하는 1만 명과 함께 압록강을 건너서 당군 을 선제공격했다. 말갈 병사도 이들과 합류했다. 670년 7월에는 웅진도 독부의 63개 성을 전면 공격해 빼앗았다. 신라-당 전쟁의 시작이었다.

671년 약간의 전과를 거뒀지만 672년 당의 고간과 이근행이 4만 병력 으로 공격해오자 신라군은 대패했다. 672년 9월 문무왕은 "머리를 조아 리고 또 조아리며 죽을죄를 지었고 또 지었습니다"라는 글로 용서를 구하며 은 3만3천5백 푼 등을 당 고종에게 바쳤다. 소용없었다. 673년 당군의 공격은 더욱 거세졌다. 674년 당 고종은 문무왕의 관작을 폐하고 김인문을 새로운 신라 왕으로 임명했다. 675년 당의 유인궤는 칠중성에서 신라군을 궤멸시켰다. 신라의 앞날은 가물가물했다.

신라의 구원은 먼 데서 왔다. 676년 현재의 티베트인 토번이 당을 공격하자 당은 신라의 멸절 대신 현상유지로 방침을 바꿨다. 이도 저도 아닌 상태가 불안했던 신라는 끊임없이 당에 미녀를 포함한 조공을 바쳤다. 733년 발해군이 등주를 공격하자 다급했던 당 현종 이융기는 성덕왕 김흥광에게 발해의 남쪽 도읍을 공격하게 했다. 신라군은 병력의 반 이상을 잃고 아무 공 없이 돌아왔다.

마침내 735년 당 현종은 패강, 즉 대동강 이남의 땅을 신라 영토로 인정했다. 대조영의 장남 대무예가 통치하는 발해를 견제하기 위함이었다. 736년 성덕왕은 "영예로운 은혜를 깊이 입었으니 이 몸이 부서져 가루가 되더라도 보답할 길이 없습니다"라는 편지를 당에 올렸다.

10

고려의 다인철소 사람들은 무슨 생각으로
몽골군에 맞섰나?

역사상 가장 큰 육상제국을 수립한 몽골의 침공을 받은 고려

역사상 지구상에서 가장 큰 제국은 어디였을까? 이 질문에 답을 하려면 먼저 기준을 세워야 한다. 제국의 크기를 무엇으로 정의하는지에 따라 다른 대답이 나올 수 있어서다. 생각해보면 영토 아니면 인구의 두 가지 기준이 떠오른다.

인구는 제국의 크기를 비교하는 기준이 되기에 문제가 있다. 인구의 크기가 시대별로 변해왔기 때문이다. 이 문제는 시점별 제국의 인구를 전 세계 인구로 나눈 비율을 구함으로써 해결이 가능하다. 덴마크의 피터 피비게르 방이 정리한 데이터에 의하면 이러한 기준으로 역사상 가장 큰 제국은 1800년대의 청이다. 청은 당시 전 세계 인구의 37퍼센트를 보유했다.

인구도 좋은 기준이지만 역시 제국의 일차적 기준은 영토다. 영토는

인구를 기준으로 역사상 가장 큰 제국을 건설한 청

지구 육지의 크기가 거의 변하지 않았기 때문에 시대에 무관하게 넓이의 단순 비교로 충분하다. 그렇다면 역사상 어느 제국이 가장 넓은 영토를 가졌을까?

에스토니아의 레인 타게페라가 정리한 데이터에 의하면 위 질문에 대한 답은 1920년대의 영국이다. 당시의 영국이 가졌던 약 3천6백만 제곱킬로미터의 영토는 전 세계 육지의 약 26퍼센트에 해당했다. 이는 1차대전의 승리와 압도적인 해군력에 힘입은 결과였다. 즉, 당시의 영국은 해양제국이었다.

해양제국이었던 영국을 제외하면 그다음으로 영토가 넓었던 제국은 어디였을까? 13세기 후반부터 14세기 초반까지 거의 모든 아시아와 아랍을 석권하고 유럽도 적지 않게 차지했던 몽골이다. 당시 몽골이 지배한 영토는 2천4백만 제곱킬로미터로서 전 세계 육지의 약 18퍼센트에 달했다. 이는 서양의 대표적 육상제국이었던 로마나 마케도니아와 좋은 대조를 이룬다. 최전성기의 로마는 5백만 제곱킬로미터를, 알렉산드로스의 마케도니아는 5백2십만 제곱킬로미터에 그쳤다.

몽골군의 전투력은 가히 전설적이었다. 원래의 몽골은 바다와 면하지 않는 내륙국으로서 오직 육군의 힘만으로 이러한 제국을 일구었다. 전투

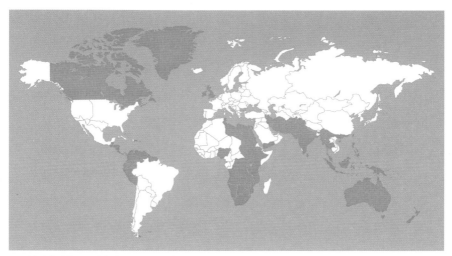
영토를 기준으로 역사상 가장 큰 제국을 건설한 대영제국

에 관해 한가락 한다는 나라들이 몽골군 앞에 모조리 짓밟혔다. 말갈의 금, 한족의 송, 티베트의 서하, 튀르크의 호라즘, 볼가 불가르, 키예프 루스, 폴란드, 헝가리, 페르시아, 시리아, 그루지아, 아르메니아, 이라크 등이 그 예였다. 궁기병이 주력인 몽골군은 말을 자주 갈아탐으로써 하루에 70킬로미터를 진격할 수 있었다.

　그런 몽골의 공격을 받게 된 일은 고려에게는 엄청난 도전이었다. 1216년 거란이 세운 대요의 군대가 몽골군과 여진의 동진 군대에 밀려 고려로 난입했다. 처음 겪는 일이 아닌 거란의 침입을 고려군은 1218년까지 대체로 막아냈다. 남은 대요의 병력은 평양 동쪽의 강동성에서 저항했다. 고려군은 1218년 9월부터 강동성을 포위했지만 5만에 달하는 대요의 병력이 적지 않아 성 탈환에 시간이 걸렸다.

　몽골군 1만 명은 1218년 12월 동진군의 2만 명과 함께 강동성에 나타났다. 고려가 요청한 적이 없는, 일방적인 몽골군의 개입이었다. 몽골군은 자신들이 쫓던 대요군을 전멸시키려 한다는 명분을 내세웠다. 최충헌의 무신정권은 "대국이 군사를 일으켜 환난을 구제하려고 하니, 그들의 모든 지휘에 따르라"라고 강동성을 포위하고 있던 고려군에게 지시했다. 몽골군과 동진군은 이내 강동성을 함락시키고 성안의 거란인을 포로로 잡아갔다.

세상에 공짜는 없는 법이었다. 1219년 1월 고려와 형제의 관계를 맺자는 편지를 갖고 온 몽골 사신은 고종이 직접 나와 자신을 맞이하라며 무례하게 행동했다. 『고려사』는 그해 7월 고종이 "보관 중인 군수물자를 검열하고, 여러 작은 성을 합쳐서 큰 성으로 입보시켰다. 당시에 첩자가 몽골이 가을을 틈타 다시 쳐들어온다는 말을 하였으므로 이에 대비한 것이다"라고 전한다. 몽골은 그해 8월부터 세공을 바치라고 고려에 독촉하기 시작했다.

1231년 칭기스한, 즉 보르지긴 테무친의 셋째 아들 보르지긴 우구데이는 1225년에 죽은 몽골 사신 저고여의 책임을 물으며 고려에게 항복하라고 요구했다. 고려가 대응하지 않자 몽골은 그해 8월 3만 병력으로 침공했다. 『고려사』 1231년 8월 29일 자에는 "몽고 원수 살리타이가 함신진을 포위하고 철주를 도륙하였다"라고 기록되어 있다. 함신진은 지금의 신의주다.

고려의 대응은 신속했다. 9월 2일 삼군을 출동시켜 몽골군을 막고 여러 도에서 군사를 징발하기로 결정했다. 삼군은 고려군의 기본편성인 중, 좌, 우, 전, 후의 오군 중 중군, 좌군, 우군에 해당하며 외적의 대규모 침략이 있을 때 중앙에서 파견하는 핵심부대였다. 삼군은 9월 9일 출정했다.

고려군은 결코 쉽게 몽골군에게 유린되지 않았다. 9월 3일 1만 명의 몽골군은 1018년 강감찬이 거란의 3차 침입군을 궤멸시킨 귀주를 포위했다. 당시 귀주성에는 박서와 김경손 등의 5천 명이 성을 지키고 있었다. 이후 귀주성의 고려군은 1232년 1월까지 넉 달 넘게 몽골군의 공격을 막아냈다. 당시 몽골군 중 나이가 일흔에 가까운 한 장수는 "내가 머리를 묶고 종군한 뒤로 천하 성지에서의 공격하는 모습을 두루 보았지만 일찍이 이 같은 공격을 입으면서도 끝내 항복하지 않는 경우는 보지 못하였다. 성안 여러 장수들은 훗날 반드시 모두 장상이 될 것이다"라며 감탄했다.

또한, 9월 10일에는 서경성, 즉 평양성의 고려군이 몽골군의 공격을 물리쳤다. 이어 9월 13일과 14일에는 삼군이 황해도 봉산군의 동선역 부근에서 1만 명의 몽골군과 야전을 벌여 승리를 거뒀다. 성을 지키는 수성전이 아닌 야전에서 전성기의 몽골군을 이긴 경우란 전 세계에서도 손

몽골의 침략으로 강화도로 천도했을 당시 고려의 궁궐이 있던 자리

을 꼽을 정도로 드문 경우였다.

물론 고려의 방어가 완벽하지는 않았다. 9월 중 황해도의 황주와 봉주가 몽골군에 점령되었고 평안북도의 용주가 투항하고 순주와 곽주도 함락되었다. 특히 큰 타격은 10월 21일의 안북성 전투였다. 동선역 전투 승리로 해이해진 삼군이 섣불리 야전을 시도하다가 반 이상이 죽거나 다치는 큰 피해를 입었다.

이후 고려군의 방어는 귀주성과 자모성 등 고립된 몇 개 성의 농성이 전부였다. 11월 29일 몽골군 선봉이 예성강에 도착해 민간인을 상대로 살육을 저질러도 속수무책이었다. 12월 고종은 몽골군의 항복 권유를 받아들였다. 와중에 귀주성의 박서와 김경손, 자모성의 최춘명은 항복할 수 없다며 끝까지 버티다가 사형에 처해질 뻔했다.

고려의 항복은 시간벌기였다. 1232년 3월 몽골군이 철수하자 6월 최충헌의 아들 최우는 고종을 협박하여 강화도로 수도를 옮겼다. 8월 살리타이가 다시 침공해왔다. 홍복원 등은 몽골에 빌붙어 서경과 개경이 함락되도록 길 안내를 도왔다. 12월 승려 김윤후가 용인에서 살리타이를 활로 죽이자 몽골군은 물러났지만 일회성 승리였다. 섬으로 수도를 옮긴 최우의 결정은 본토의 양민이 학살되거나 잡혀가도 이를 막아낼 의지와 실력이 무신정권에게 없음을 뜻했다.

평민보다는 노비에 가깝게 취급됐던 향, 소, 부곡의 고려인

940년 왕건은 각 지역의 이름을 주, 부, 군, 현으로 구분하여 고쳤다. 주와 부가 보다 큰 지역 단위라면 군과 현은 주와 부에 부속되는 보다 작은 지역 단위였다. 대체로 주가 부보다 컸고 군이 현보다 컸다.

몇 가지 예로써 설명해보자. 고구려 때 평원군이었고 신라 때 북원소경이었던 지역은 940년에 새로이 원주라는 이름을 얻었다. 원주에는 한 개의 군과 다섯 개의 현이 속했다. 구체적으로, 영월군, 평창현, 단산현, 영춘현, 주천현, 황려현이 원주의 속군과 속현이었다. 또 백제 때 대방군이었고 신라 때 남원소경이었던 지역은 940년에 남원부가 되었다. 남원부에는 두 개의 속군과 일곱 개의 속현이 있었다.

고려는 초기에 신분의 구별이 엄격하지 않았다. 신라의 골품제에 반기를 든 입장에서 그런 구분은 도움이 되지 않았다. 굳이 있다면 양인과 노비의 구별 정도였다. 30여 년간 계속된 고려, 후백제, 신라 사이의 전쟁으로 많은 사람이 노비가 되었다. 남자는 노, 여자는 비로 둘을 합쳐서 노비였다. 전라남도 순천의 송광사에서 전해져 온 고려 때 노비첩에 의하면 남자 노비의 값은 베 100필, 여자 노비는 베 120필이었다. 당시의 말 한 마리 값보다 쌌다.

많은 노비는 국가에 해로웠다. 양인은 국가로부터 보호를 받는 대신 부역과 조세의 의무를 졌다. 반면, 노비는 국가가 보호해주지 않는 만큼 국가에 아무런 의무가 없었다. 가령, 국민 열 명 중 네 명이 노비라면 국가는 네 명을 제외하고 남은 여섯 명의 능력만 활용할 수 있었다. 노동력과 경제력의 감소는 물론이고 인재의 폭넓은 활용이란 면으로도 불리했다. 노비의 존재는 노비를 착취하는 귀족만 좋은 일이었다.

956년 왕건의 넷째 아들 광종 왕소는 '노비안검법'을 시행했다. 노비안검법은 강제로 노비가 되었던 사람들이 신고만 하면 자동으로 양인이 되는 법이었다. 이어 958년에는 과거제를 도입했다. 집안 배경이 좋은 왕족과 귀족들이 권력을 독차지하던 신라 때와는 달리 과거제 아래서는 양인도 세상에 나갈 길이 열렸다. 노비를 많이 거느리던 호족들은 이에 격렬히 저항했다.

호족들이 꺼내든 도구는 중국의 유교였다. 신라의 6두품이었던 최승로는 982년 왕건의 손자 성종 왕치에게 "천한 자가 귀한 사람을 능멸하지 못하게 하고, 노비와 주인의 구분에 있어서 공정한 도리로 처리"하며, "높고 낮은 신분에 따라" 의복의 종류와 집의 크기를 다르게 강제하라고 건의했다. 신라의 골품제 비슷한 신분제를 되살리기 위한 반동적 책동이었다.

성종은 987년 양인이 된 사람 거의 대부분을 다시 노비로 되돌리도록 했다. 본래의 주인을 대신해 배를 타고 전쟁터에 나갔거나 3년간 무덤을 지킨 사실을 주인이 관아에 알리고 또한 나이가 40살이 넘었을 경우 양인으로 남을 수 있다는 조건은 있으나 마나였다. 그마저도 "주인을 욕했거나 주인의 친족과 다툰 자는 천민으로 되돌려 부리도록 하라"라고 했다.

992년에는 "숨은 인재가 스스로를 천거할 수 있도록 한다"라는 미명 하에 5품 이상의 중앙관리가 천거하는 한 명을 과거 없이 관리로 채용하도록 했다. 귀족의 자식이 아빠 찬스를 통해 지위를 세습할 길이 열린 셈이었다. 양인의 과거 응시는 고려가 멸망할 때까지 허용되었지만 이미 기울어진 운동장이었다.

고려에는 정식 행정구역으로 간주되지 않는 지역이 있었다. 이름하여 향, 소, 부곡이었다. 향과 부곡은 신라 때도 존재하던 명칭이었다. 1530년에 편찬된 『신증동국여지승람』에는 신라가 군과 현을 설치할 때 인구와 토지가 모자라는 지역을 향이나 부곡으로 편성했다는 기록이 나온다. 즉, 이때의 향과 부곡은 단지 크기의 차이일 뿐 신분의 차이는 아니었다.

고려의 향과 부곡은 신분의 차이가 있었다. 이들은 공식적으로는 주, 부, 군, 현에 사는 양인과 다르지 않았지만 실제로는 다르게 취급되었다. 일례로, 『고려사』 1045년 4월 자는 "5역, 5천, 불충, 불효, 향, 부곡, 악공, 잡류의 자손들이 과거에 응시하는 것을 허락하지 않는다"라고 전한다. 향과 부곡의 주민이 반역자 등의 노비와 동일한 대우를 받았다는 의미다. 또 향, 부곡인 등의 자손은 천인과 마찬가지로 국학에 입학이 허가되지 않았고 승려가 되는 일도 금지되었다.

또한, 향과 부곡의 주민은 마음대로 다른 곳에 가서 살 권리가 없었다. 마을을 나가는 행위 자체가 금지되었다. 나아가 부곡의 주민이 일반 지역의 주민과 결혼해 낳은 아이는 부곡에 살도록 규정되었다. 즉, 노비라는 말만 쓰지 않았을 뿐 취급이 노비와 다르지 않았다. 귀족이 사고팔 수 없다는 점 정도가 유일하게 달랐다. 오늘날 용인시 처인구는 김윤후가 몽골군의 살리타이를 죽였던 처인부곡에서 유래되었다.

소는 고려 때 새롭게 생긴 지역이었다. 향과 부곡은 이름이 다를지언정 성격이 거의 구별되지 않았다. 향과 부곡의 주민은 농사를 지었다. 반면 소의 주민은 농사가 아닌 다른 일을 했다. 바로 국가가 필요로 하는 각종 물품을 만드는 일이었다.

각 소는 만드는 물품이 지정되어 있었다. 예를 들어, 자기소는 고려자기를, 은소는 은을, 지소는 종이를 만들었다. 현재의 경상북도 영천시에 해당하는 이지은소나 전라북도 익산시에 해당하는 도내산은소 등의 이름이 『고려사』에 전한다. 말하자면 소는 국가가 운영하는 공업단지나 다름없었다.

고려의 여러 소 중 명학소가 아마도 가장 유명할 터다. 1176 년 명학소의 주민 망이와 망소 이 등은 핍박을 견디다 못해 정중부의 고려 무신정권에 반기를 들었다. 무신정권은 중앙군 3천 명으로 진압을 시도했지만 오히려 크게 패했다. 명학소 주민들은 무신정권의 회유에 응해 한 차례 해산했다. 무신정권은 그 틈을 타 주민들의 가족을 인질로 잡았다. 주민들은 다시 봉기했지만 1177년 군대에 의해 결국 진압되었다.

고려시대의 소는 농사가 아니라 국가가 필요로 하는 각종 물품을 만드는 일을 담당했다.

명학소는 이지은소나 도내산은소 등과 달리 이름에 주민이 만들던 물품이 나타나지 않는다. 『신증동국여지승람』에 의하면 명학소는 공주 유성현 동쪽 10리에 있었다. 유성현은 유성온천이 있는 오늘날의 대전시 유성구다. 즉, 과거 명학소가 있던 지역은 대전시 서구 탄방동에 해당한다. 탄방동은 이름에서 알 수 있듯이 숯을 굽는 '숯방'이 있던 동네다. 또 최근 탄방동 동쪽의 상대동에서 고려 때의 가마터 유적도 발견되었다. 자기를 굽는 가마터와 숯의 관계는 바늘과 실의 관계와 같다. 명학소가 숯을 만드는 탄소였을 가능성이 크다는 의미다.

탄방동 등을 둘러싸고 있는 금강의 지류 갑천을 넘으면 한국과학기술원을 비롯해 오늘날 한국의 테크놀로지 요람인 대덕특구가 나온다. 불을 다루던 명학소의 선대 엔지니어들과 시간을 초월해 연결된 듯해 새삼스럽다.

철을 만드는 충주의 엔지니어들이 나라를 위해 무기를 들다

소에 사는 주민의 취급은 향 및 부곡과 같았다. 다른 곳으로 이사하거나 방문할 권리가 없었다. 자식도 소에서 살아야 했다. 교육에 관해서도 이유는 다를지언정 처분은 같았다. 공장은 상인과 악공 등과 함께 "천한 일에 관계하는 자"로 분류되어 국학 입학이 거부되었다. 즉, 소의 주민은 국가가 제공하는 혜택은 없는 채로 국가가 부과한 의무만 지는 존재였다.

향과 부곡도 그랬지만 소의 주민은 특히 과중한 부담을 졌다. 일례로, 『고려사』 1108년 2월 자에는 "동소, 철소, 자기소, 지소, 묵소 등의 여러 소에서 별공으로 바치는 물건들을 너무 과중하게 징수하여 장인들이 괴로워하고 고통스러워하여 도피하고 있으니, 담당 관청으로 하여금 각 소에서 별공과 상공으로 바치는 공물의 많고 적음을 참작하여 다시 정하여 아뢰어 재가를 받도록 하라"라는 기록이 나온다.

그렇기에 몽골의 침공은 소의 주민에게는 기회가 될 수 있었다. 설혹 몽골군이 잔혹하게 굴더라도 별로 잃을 게 없는 처지였다. 몽골군은 저항하지 않고 항복하면 죽이지는 않았다.

1232년 12월 살리타이의 전사 후 물러갔던 몽골군은 2년여 만에 다시 나타났다. 1235년 7월부터 1239년 4월까지 약 4년간 계속된 몽골군의 3

차 침입 때 고려는 혹독한 피해를 입었다. 1차 침입 때 최춘명이 3천5백 병사와 함께 몽골군의 공격을 막아냈던 자모성도 1236년 8월 약 두 달 간 포위 공격을 받은 끝에 함락되었다.

최우의 무신정권은 또 다른 위협에 직면했다. 몽골군을 상대로 저항을 포기하지는 않았지만 고려군의 승리는 소규모 유격전이 대부분이었다. 자신들은 안전한 곳에 숨은 채 각 지방이 알아서 싸우게 한 고려 왕조와 무신정권의 권위는 땅에 떨어졌다. 각자 제 살길을 찾지 않을 수 없는 분위기 속에서 고려를 버리고 몽골에 붙으려는 사람들이 계속 등장했다.

예를 들어, 『고려사』 1235년 9월 11일 자는 "안동 사람이 몽골군을 끌어들일 것을 모의하고서 동경으로 향하였으므로 상장군 김리생을 동남도지휘사로 삼고 충청주도안찰사 유석을 부사로 삼았다"라고 전한다. 고려 때 동경은 경주를 뜻했다. 결과적으로 1238년 윤4월 경주의 황룡사는 몽땅 불탔고 에밀레종의 네 배 무게라는 황룡사 대종도 이때 없어졌다.

고려의 대응은 때론 엉뚱하기까지 했다. 1235년 8월 모든 신하가 매일 오전 8시부터 정오까지 해를 향해 절을 해 병란을 물리치자는 건의가 올라왔다. 1236년 9월 오늘날의 충청남도 아산시인 온수군을 지키던 지방군이 몽골군의 공격을 물리쳐 200여 명의 적병을 죽이자 고종은 온수군의 성황신이 은밀히 도운 공이 있다며 성황신에게 존호를 더해 줬다.

경상남도 합천 해인사의 팔만대장경을 만들기 시작한 때도 3차 침입 때인 1236년이었다. 부처의 힘으로 몽골군을 물리치겠다는 자못 진지한 마음이었다. 최우는 전라도 주민을 동원해 나무를 마련한 후 조운선에 실어 강화도로 보내게 했다. 쥐어짜기만 하는 무신정권의 수탈을 견디지 못한 이연년 등은 1237년 담양에서 민란을 일으켰다. 박서와 함께 귀주성을 지켰던 김경손이 이때 전라도지휘사가 되어 민란을 평정했다.

1238년 12월 고종이 "전쟁으로 위협을 가하지 마시고 조상 때부터 지켜온 풍속을 보전하게 해주신다면 비록 풍부하지 않은 토산물이나마 영원히 바치겠다"라는 항복의 의사를 표하자 1239년 4월 몽골군은 철수했다. 고종이 직접 예를 표하러 몽골로 오라는 조건과 함께였다. 고려는 왕족 두 명을 각각 고종의 동생과 왕자라고 속여 몽골로 보냈다. 그 뒤로도 1254년까지 침공과 항복이 반복되었다.

1254년 7월 고종은 강화도를 나와 오늘날 황해도 개풍군인 승천부의 새 궁궐에서 몽골 사신을 만났다. 몽골은 고종만 나오고 최항 등의 무신들이 여전히 강화도에 있음을 문제 삼았다. 수일 후 쟈릴타이가 지휘하

합천 해인사에 보관되어 있는 팔만대장경

는 몽골군이 또다시 압록강을 건너왔다. 1254년 고려의 피해는 특히 참혹했다. 『고려사』는 "이 해에 몽골군에 포로가 된 남녀는 무려 206,800여 인이었고, 살육당한 사람들은 이루 다 셀 수가 없었다. 지나가는 주군은 모두 불에 타 잿더미가 되었으니 몽골 군사의 난이 시작된 이래 이때보다 심한 적이 없었다"라고 전한다.

전 국토를 몽골군이 휩쓸고 다니던 와중에 고려는 예상치 않은 승전을 거뒀다. 1254년 9월 쟈릴타이의 몽골군을 격퇴한 부대는 충주목에 속한 다인철소의 민병이었다. 다인철소는 이름에서 짐작할 수 있듯이 철을 생산하는 소였다. 즉, 이들 민병은 고려 왕조에게 천민 취급을 받던 제철 엔지니어들이었다. 『고려사』는 "충주성 안의 사람들이 정예군을 뽑아 맹렬하게 공격하자 적이 포위를 풀고 마침내 남쪽으로 내려갔다"라고 다인철소 전투를 전한다.

충주는 원래부터 철 산지로 이름이 높았다. 최자가 1251년경 쓴 『삼도부』에는 "중원과 대령의 철은 빈 철, 납, 강철, 연철을 내는데 바위를 뚫지 않아도 산의 골수처럼 흘러나와 뿌리와 그루를 찍고 파내되 무진장 끝이 없네. (중략) 대장장이 망치 잡아 백 번 천 번 단련하니 큰 살촉, 작은 살촉, 창도 되고 갑옷도 되고, 칼도 되고 긴 창도 되며"라는 기록이 나온다. 중원이 곧 충주다. 몽골군이 무기와 말발굽 편자의 보충을 위해 다인철소를 노렸으리란 점은 이해하기 어렵지 않다.

이해가 쉽지 않은 부분은 왜 다인철소의 주민들이 몽골군에 맞서 싸웠을까다. 그들은 고려 왕조에 별로 감사할 일이 없었다. 자신들을 사람 취급하지 않는 무신정권을 향해 이연년 등이 그랬던 것처럼 반기를 들 수도 있었다. 몽골군에게 마을을 갖다 바칠 수도 있었다.

왜 싸웠을까? 몽골군의 폭력에 맞서 가족과 동료를 지키기 위해서였을 수 있다. 혹은 약 9개월 전인 1253년 12월 70여 일간의 항전 끝에 충주성을 지키는 데 성공한 관노의 승리에 고무되었을 수 있다. 충주성 전투를 지휘한 사람은 처인부곡에서 살리타이를 죽인 김윤후였다. 김윤후가 관노의 노비 문서를 불태우자 사람들은 죽음을 무릅쓰고 싸웠다. 또는 천민 취급을 받았을지언정 다인철소 주민들에게 고려인이라는 자긍심이 있었을 수 있다.

다인철소 바로 동쪽의 달천을 건너면 탄금대와 충주성이 나온다. 1592년 신립이 고니시 유키나가의 일본군을 막다가 분패해 전사한 곳이다. 알고 보면 우리 주변이 모두 옛 선조들이 피를 흘려가며 지킨 곳이라 찡하기만 하다.

11
김감불과 김검동이 중용됐다면
조선 도공의 삶이 달라졌을까?

조선 고유의 은 제련법에 관심을 보이고 후원한 연산군

조선의 양반은 상행위와 시장을 혐오했다. 그들에게 만드는 일과 파는 일은 사회의 계급 질서를 어지럽힐 수 있는 문제의 씨앗이었다. 상행위는 직업으로서 세상에서 가장 천한 일이었다. 심지어 무언가를 만드는 일보다도 더 비천했다. 그들의 태평성대는 자신들을 뺀 평민과 노비가 다른 생각하지 말고 농사만 지어 바치는 경우였다. 그들이 경전처럼 외운 중국책에 그렇게 써 있다는 이유에서였다.

상행위를 혐오하다 보니 조선은 돈의 제작과 사용을 꺼렸다. 1404년 종이돈인 저화를 만들었고 1423년 구리로 만든 동전인 조선통보를 만들었지만 얼마 안 가 포기했다. 화폐 유통 초기에 나타나는 물가 상승을 견디지 못해서였다. 또 저화와 동전, 그리고 옷감을 동시에 화폐로 사용하기도 했다. 돈의 종류가 둘 이상이면 문제가 된다는 사실을 몰라서였다.

『태종실록』 1415년 6월 16일 자에는 호조가 "당 개원 연간의 오수전 제도에 의하여 조선통보를 주조하여 저화와 겸행하게 하자"라고 건의하자 태종 이방원이 승인한 기록이 나온다. 그로부터 5일 뒤인 6월 21일 사간원은 "동전은 저화에 비하여 위조하기가 더욱 쉬우므로 (중략) 가난한 백성들이 저화를 가지고 쌀을 사려 하여도 마침내 쌀

조선 초기에 만들어져 잠시 사용된 조선통보

을 얻지 못할 것"이라며 동전의 주조 중지를 요청했다. 태종은 동전의 주조를 즉시 중지시켰다.

상행위를 좋아하지 않는 조선 왕조는 무역 역시 껄끄럽게 여겼다. 명이 허용하는 품목과 수량에 한해 거래할 따름이었고 그 외의 국가는 무시했다. 일본이나 유구 혹은 여진이 선물을 보내오면 물품을 조금 보내줄 뿐이었다. 일본은 적극적으로 무역하기를 희망했지만 조선은 일본의 요구를 거의 받아들이지 않았다. 오랑캐와 거래해봐야 득 될 게 없다는 뒤틀린 세계관 때문이었다.

조선의 무역에는 또 다른 문제가 있었다. 예전부터 아시아에서 가장 널리 통용되는 국제 화폐는 은이었다. 고려는 1101년 은으로 만든 화폐인 은병을 제작해 국내에서 사용했다. 600그램의 은을 병 모양으로 만든 은병은 생김새가 표주박 혹은 고려의 지형을 닮아 활구라고도 불렸다. 고려는 은병을 무역에도 사용했다.

반면 조선은 은과 금이 부족해 고민이 많았다. 명에 바칠 물량이 모자라서였다. 『태종실록』 1411년 10월 17일 자는 "임금이 사대하는 금은이

장차 다할 것을 염려하여 전 낭장 김윤하를 동북면 단주, 안변에 보내어 금을 캐었는데, 군인 70여 명으로 20여 일을 역사하게 하였으나, 겨우 한냥중을 얻었다"라고 전한다. 약 6개월 전인 윤4월 28일에는 본국은 금은이 나지 않으니 다른 물건으로 대신 바치면 안 되겠냐고 물었다가 명에게 욕을 먹기도 했다.

1429년 세종은 태종의 뒤를 이어 다시 간청해 금과 은의 납부를 면제받았다. 그 후로는 장신구나 장식 등에 쓴 금은이 명 사신의 눈에 띌까 전전긍긍했다. 1432년에는 금은으로 무역을 한 16명을 잡아 벌을 주기도 했다. 1441년에는 절에서 불상을 금으로 도금하는 일도 금지했다. 명의 추궁이 두려워서였다. 결과적으로 조선은 무역을 하고 싶어도 할 돈도 없었다.

그랬던 조선에 가뭄의 단비와 같은 일이 벌어졌다. 이때의 일이 『연산군일기』 1503년 5월 18일 자에 전한다. "양인 김감불과 장례원 종 김검동이 연철로 은을 불리어 바치며 아뢰기를, '납 한 근으로 은 두 돈을 불릴 수 있는데, 납은 우리나라에서 나는 것이니, 은을 넉넉히 쓸 수 있게 되었습니다. 불리는 법은 무쇠 화로나 냄비 안에 매운재를 둘러놓고 연철을 조각조각 끊어서 그 안에 채운 다음 깨어진 질그릇으로 사방을 덮고, 숯을 위아래로 피워 녹입니다'라고 하니, 전교하기를 '시험해보라' 하였다." 한 근은 600그램이고 한 돈은 3.75그램이니, 80킬로그램의 납에서 1킬로그램의 은을 만들 수 있다는 얘기였다.

함경도 단천에서 많이 나는 연철광에는 납과 더불어 적지 않은 은이 포함되어 있었다. 이를 분리하기가 쉽지 않아 과거에는 쓸 방법이 없었다. 김감불과 김검동은 두 금속의 녹는점 차이를 이용해 은과 납을 각기 제련하는 데 성공했다. 1503년 5월 23일 승지 강삼이 "단천에서 나는 납의 성질이 강하여 불리어 은을 만들 수 있으니, 해조에서 사람들이 사사로이 캐는 것을 금하도록 하소서"라며 제련 테크놀로지가 실제로 작동함을 확인했다.

이들 제련 엔지니어의 성취가 세상에 알려지게 된 데에는 연산군의 역할도 없지 않았다. 연산군이 아닌 다른 임금이었다면 명에게 누가 된다며 이들의 제련 노하우를 그대로 묻어버렸을 터였다.

연산군은 나름의 현명함을 갖춘 사람이었다. 무신들에게 정기적으로 활쏘기를 시켜 성적에 따라 승진과 강등을 결정했다. 사간원 등이 예법에 어긋난다고 반발했지만 지속했다. 불교를 배척할지언정 중을 구타하지는 말라고 지시했고, 죄인의 가족과 친척이라는 이유만으로 벌 받은 사람들을 용서하도록 했고, 불로 여종을 지진 주인을 형벌을 남용했다며 죄주게 했다.

무역에 대해서 연산군은 양반들과 다른 생각을 가졌다. 1499년 1월 15일에는 동철을 일본인과 무역한 사람들을 처벌하지 말도록 지시하였다. "동철을 무역하는 것은, 국가에서 입법하여 금지하고 있다면 마땅히 처벌하여야 하나, 만약 법에서 금제함이 없다면 그 죄를 다스릴 수 없는 것이다. 그 동철의 대가를 이미 왜인에게 지급하고, 지금 와서 동철을 몰수하고 따라 처벌한다면 애매하지 아니한가"라는 이유였다.

앞 4장에 나왔던 수차에 대해 연산군이 언급한 기록도 눈여겨볼 만하다. 『연산군일기』 1502년 3월 3일 자는 "수차는 만들기가 쉽지 않으니 민간에서는 아마 만들어 쓰지 못할 듯하다. 또한 크게 가물면 수차가 무슨 소용이 있으며, 비가 제때에 오면 비록 수차가 없더라도 무슨 손해가

있겠는가. 그러나 우선 가까운 경기·황해·강원도 등지에서 시험해보도록
하라"라고 연산군이 지시한 기록이다. 결과론이지만 균형 있는 판단력
을 느낄 수 있다.

조선은 드디어 본격적으로 은을 제련 생산하기 시작했다. 1503년 11월
14일 호조와 공조는 연철로 불린 은의 양이 "단천의 납은 두 근에서 은
네 돈이 나고, 영흥의 납은 두 근에서 은 두 돈이 납니다"라고 연산군에
게 보고했다.

연산군은 계속해서 단천의 은 제련에 관심을 두었다. 1504년 7월 7일
"단천에서 은이 나는 일은 처음에는 많이 난다 하더니 뒤에는 같지 않으
니, 수령이 자기 것으로 한 것이 있는 것이 아닌가? 심정을 보내어 국문하
고 나는 곳을 아울러 적고, 또 분배한 사람이 노역에 종사하는 것이 고
된지 헐한지, 그리고 수령으로서 분배한 사람에게 대하여 접대하거나 증
여하거나 사람을 주어 부리게 하는 자를 살펴서, 범하는 자가 있으면 경
중으로 잡아 보내게 하라"라고 지시했다. 1506년 8월 3일에는 "단천에서
바친 납 6천9백 근을 연은한 다음에 그 찌꺼기 납으로 청기와를 구워 만
들게 하였다"라는 기록이 나온다. 당시 4천 톤이 넘는 납을 캐서 50킬로
그램 이상의 은을 생산했으며 분리된 납도 활용했음을 알 수 있다.

일본 이와미은산의 회취법은 조선인이 전해준 연은법이었다

은 생산은 길지 않았다. 단천의 연철광이 고갈돼서가 아니었다. 연산
군이 양반의 반란에 의해 쫓겨나서였다. 1506년 9월 2일 박원종, 성희안,
유순정 등은 사병을 보내 연산군을 가두고 자신들의 편에 서지 않는 사

람들을 죽였다.

그렇게 죽은 사람 중에는 좌의정 신수근도 있었다. 신수근은 연산군의 처남이자 연산군의 배다른 동생 이역의 장인이었다. 박원종은 반란을 일으키기 얼마 전 신수근에게 누이와 딸 중 누가 중요한지 넌지시 떠봤다. 신수근은 "임금은 비록 포악하나 총명한 세자를 믿고 살겠다"라며 자리를 박차고 떴다가 변을 당했다.

자신의 힘으로 왕이 되지 않고 박원종 등에 의해 왕이 된 중종 이역이 양반의 눈치를 보지 않는다면 그게 이상한 일이었다. 꼭두각시 왕이 된 중종은 아무런 힘이 없었다. 중종은 죽임을 당한 신수근의 딸을 왕비로 책봉했다가 이마저도 박원종 등에 의해 폐출당했다.

반란을 일으킨 양반들은 연산군의 흔적 지우기에 골몰했다. 연산군이 부분적으로 허용했던 일본과의 무역도 다시 끊었다. 훈민정음에 관한 일을 맡아 보도록 세종이 1446년에 설치한 언문청도 반란을 일으킨 지 이틀 뒤인 1506년 9월 4일에 폐지했다.

김감불과 김검동의 연은법도 그중 하나였다. 1506년 9월 7일 중종이 "함경도의 은 채취하는 일은 어떻게 해야 하겠는가? 정승에게 묻는다"라고 의견을 구하자, 한목소리로 답하기를 "경비에 관계되지 않으니 채취할 것 없습니다"라고 했다. 중종은 그대로 따랐다.

조선 왕조는 단천의 은 채취를 중단했지만 조선 사람들은 아니었다. 『중종실록』 1509년 8월 28일 자에는 "듣건대 근래에 연경에 가는 사람들이 마포를 가지고 가지 않고 모두 은을 가지고 가므로 중국 사람들이 모두 말하기를, '너희 나라에는 은이 많은 모양이구나' 한다니, 만일 은으로써 세공을 하게 한다면 만세의 폐단이 되겠습니다. (중략) 단천 사람들은 은을 채취해 이득을 보아 더러는 부자가 된 자가 있다니 얼마나 외람한지를 알 수 있습니다"라는 기록이 나온다. 명에 퍼진 은 소문도, 또 은 때문에 부자가 된 사람도 꺼렸다는 얘기다.

중종은 단천 주민의 은 채취도 결국 금지시켰다. 『중종실록』 1516년 8월 27일 자는 "내 생각에도 금은을 가지고 중원에 들어가서 무역하는 것은 결국은 폐가 된다고 여긴다. (중략) 이미 곡식을 바치고 은을 캐도록 허락한 자는 그대로 두고 앞으로는 다시 허가하지 않는 것이 옳겠다"라는 중종의 지시를 전한다.

조선이 명의 눈치를 보며 은 생산을 중단한 뒤 예기치 못한 일이 벌어졌다. 은이 풍부한 일본 혼슈 남부의 시마네는 13세기부터 노천 채굴이 이뤄지던 곳이었다. 해당 지역을 지배하던 다이묘 오우치 요시우키는 1526년 하카타의 상인 가미야 주테이에게 본격적인 은광 개발을 맡겼다. 이름하여 이와미은산이었다.

오우치 요시우키는 고대 한국과 관련이 있는 사람이었다. 오우치 가문은 자신들의 시조를 백제 위덕왕의 아들인 아좌태자 혹은 임성태자라고 믿었다. 아좌태자가 597년 일본으로 건너와 쇼토쿠태자의 초상화를 그렸다는 기록은 『일본서기』에 나온다.

『단종실록』 1453년 6월 24일 자에는 "이때 백제 국왕이 태자 임성에게 명하여, 대련 등을 치게 하였으니, 임성은 대내공입니다. (중략) 거주하는 땅은 '대내공조선'이라고 부릅니다"라며 임성태자가 일본에 들어온 기록을 찾아 주기를 청하는 기록도 있다. 조선은 "일본 육주목 좌경대부는 백제 온조왕 고씨의 후손인데, 그 선조가 난을 피하여 일본에서 벼슬살이하여 대대로 서로 계승하여 육주목에 이르렀다"라고 답신을 보냈다.

이와미은산의 전환점은 1533년이었다. 가미야 주테이가 조선에서 경수와 종단이라는 두 사람을 불러와 회취법으로 은을 생산했다는 기록이 있어서다. 회취법은 김감불과 김검동의 연은법과 동일했다. 백제계라는 정체성을 갖고 있던 오우치 요시우키가 조선의 연은법 소문을 듣고 가미야 주테이에게 시켰을 가능성이 없지 않다. 어차피 조선에서 은 제련이 허용되지 않

일본 은 생산의 거점으로 활약하였던 이와미은산

기에 경수와 종단은 자신의 기술을 활용할 수 있는 일본으로 큰 고민 없이 건너갔을 터다. 이후 일본의 은 생산량은 비약적으로 증대되었다.

일본의 은 생산량이 늘어났음은 『중종실록』 1542년 4월 20일 자를 통해서도 확인할 수 있다. 일본 국왕이 무역을 하고 싶다며 은 3톤을 보내왔기 때문이다. 이를 연산군 때 단천에서 2년 넘게 생산한 은의 총량 약 50킬로그램과 비교해보면 감을 잡을 만하다.

조선은 자체의 은 생산은 중지했지만 연은법의 유출에 대해서는 민감

하게 반응했다. 당시를 살았던 어숙권은 『패관잡기』에서 "왜인들은 처음에 납으로 은을 만드는 방법을 몰라 연철만 가지고 왔는데, 중종 말년에 어떤 은장이가 몰래 왜인에게 그 방법을 가르쳐 주어 이때부터 왜인이 은을 많이 가지고 왔으므로 서울의 은값이 폭락하고 말았다"라고 썼다.

이미 그전에 연은법 유출의 혐의를 받고 고문을 당한 사람도 있었다. 『중종실록』 1539년 8월 19일 자에는 "유서종은 잘못이 많으니 죽는 것을 헤아리지 말고 실정을 얻을 때까지 형신하라. 다만 왜인과 서로 통하여 연철을 많이 사다가 불려서 은을 만들고 왜인에게 그 방법을 전습한 일은 대간이 아뢴 대로 국문하라"라는 중종의 지시가 나온다. 유서종에 대한 기록은 1543년 10월 28일 "조정의 반열에 끼워 둘 수 없다는" 이유로 파직된 게 마지막이다.

연은법을 만든 김감불과 김검동은 이후 어떠한 삶을 살았을까? 연산군 때는 몰라도 중종 때 나라로부터 좋은 대접을 받거나 중하게 쓰였을 것 같지는 않다. 실제로는 그보다 더 나빴을 수 있다. 국가가 그들의 재주를 쓸 생각은 없으면서도 다른 나라가 쓰는 꼴은 보고 싶지 않았기 때문이다. 연은법의 전수를 국가기밀 누설로 간주했다는 뜻이다.

김검동은 더 이상의 기록이 없지만 김감불은 있다. 『중종실록』 1529년 7월 7일 자와 7월 8일 자에 연달아 나온다. 김감불이 평안도에서 말을 훔쳐 중국 사람에게 줬다는 죄가 있으나 중국으로 도망가지는 않았으니 사형시킬 죄는 아니므로 "발꿈치를 자르고 얼굴에 낙인을 찍어 먼 섬에 보내 노비로 삼겠다"라는 형조의 건의가 먼저다.

조금 더 읽어보면 김감불의 사촌 김동난이 중국으로 도망갈 때 타고 간 말을 대신 훔쳐줬다는 얘기가 나온다. 이에 대해 중종이 "몰래 금지한 물품을 매각한 죄 또한 무거운 것"이라고 지적하자 의정부는 지당하다며 처형을 결정했다. 김동난이 김감불에게 연은법을 배워 평안도 의주에서 몰래 은을 팔다가 잡히자, 사촌의 죽음을 모른 체할 수 없었던 김감불이 도주를 도와줬다고 상상하면 앞뒤가 맞는다. 1503년과 1529년의 시간 차이도 무리가 없다.

처형된 김감불이 연은법의 김감불이라는 보장은 없다. 가능성은 크다.

임진왜란 때 잡혀간 박평의와 이삼평은 일본 도자기의 시조

이와미은산에서 나오는 은의 양은 어마어마했다. 유네스코의 기록에 의하면 1600년대 초반 가장 생산량이 많았을 때 매년 38톤의 은이 생산되었다. 또한, 이와미은산이 일본의 유일한 은광이 아니었다. 조선인에게 배운 회취법은 이와미은산 외의 다른 일본 내 은광에서도 사용되었다. 비슷한 시기의 일본 내 은 생산량은 매년 약 200톤에 달했다. 이는 당시의 전 세계 은 생산량의 3분의 1 수준이었다.

연은법으로 생산된 일본의 은은 두 가지로 활용되었다. 한 가지는 일본 국내에서 사용되는 화폐였다. 중세는 화폐의 양이 실물경제에 비해 부족해 경제가 침체되던 시기였다. 증가된 은의 양은 억눌려 있던 일본 국내의 경제활동이 늘어나도록 만들었다.

다른 한 가지는 다른 나라와의 무역이었다. 은은 아시아와 유럽 모두에서 가장 믿을 만한 국제통화로 간주되었다. 게다가 이와미은산의 은은 순도가 높은 고품질 은으로 인정받았다. 즉, 일본은 돈벼락을 맞은 셈이었다. 땅 파면 나오는 은으로 다른 나라로부터 값나가고 유용한 물건들을 마음껏 사들일 수 있었다. 이는 또다시 일본의 경제력 증가로 이어졌다.

화승총은 일본이 은으로 사들인 물건 중 하나였다. 1543년 명의 무역선 하나가 일본의 종자도, 즉 타네가시마로 표류해왔다. 종자도의 다이묘 타네가시마 도키타카는 배에 타고 있던 포르투갈인에게 은을 주고 두 정의 화승총을 구입했다. 화승총 자체 제작의 걸림돌이었던 총신의 나사도 나중에 포르투갈 엔지니어를 돈 주고 데려와 해결했다. 이후 10년 내 일본에서 30만 정 이상의 화승총이 생산되었다. 명과 조선에서 조총이라 불렸던 화승총을 일본인들은 그냥 '타네가시마'라고 불렀다.

1549년 누구보다도 먼저 화승총의 잠재력에 눈을 뜬 16세의 오다 노부나가는 500정의 화승총을 주문했다. '오와리의 바보'라는 별명을 가졌던 오다 노부나가는 철포부대에 힘입어 주변의 다이묘를 굴복시켜 나갔다. 1575년 오다군은 나가시노 전투에서 3천 명의 화승총병으로 다케다 가쓰요리의 군대를 궤멸시켰다.

일본의 통일을 눈앞에 두던 오다 노부나가는 1582년 아케치 미쓰히데의 반란으로 숨졌다. 오다 노부나가의 부하였던 도요토미 히데요시는 오다의 세력을 자기 것으로 만들어 일본 통일에 성공했다. 그랬던 도요토미 히데요시가 10년 후인 1592년 조선을 쳐들어왔음은 모두가 잘 아는 바다.

선조에게 일본의 침공을 물리칠 유일한 방법은 명의 원군이었다. 1593년 1월 평양성을 함락시킨 명군은 곧이어 벽제관에서 참패하자 태도를 바꿨다. 일본군을 공격하지 않으면서 적당한 선에서 일본과 협정을 맺으려 했다.

애초에 명이 군대를 보낸 이유는 자기네 영토에서 막기보다는 조선 땅에서 막는 쪽이 병력이 덜 들기 때문이었다. 일본군이 조선 남쪽에서 웅크리고 있자 명군은 더 이상 공격할 이유가 없었다. 『선조실록』1593년 3월 28일 자는 명의 송응창이 권율에게 왜적을 함부로 죽이지 말라고 했는데 권율이 여러 차례 남은 적을 쳐 죽이자 크게 노하여 문서로써 금지시켰다며 "매우 통분합니다"라고 비변사가 선조에게 보고하는 기록이다.

『선조실록』1593년 6월 5일 자에는 선조가 안주에 와 있던 명의 유황상을 찾아가 만난 이야기가 나온다. 유황상은 "귀국은 고구려 때부터 강국이라 일컬어졌는데 근래에 와서 선비와 서민이 농사와 독서에만 치중한 탓으로 이와 같은 변란을 초래한 것입니다"라며 선조에게 설교했다. 1593년 8월 3일 선조는 비변사의 건의에 따라 단천의 은 생산을 재개했다.

일본은 임진왜란 중 단순히 영토만을 목표로 하지 않았다. 다수의 조선인을 잡아갔다. 일본에서 종으로 부리거나 다른 나라에 노예로 팔기 위해서였다. 조선에서 이들을 부르는 명칭은 '노략당한 사람', 즉 피로인이었다. 적으면 2만여 명, 많으면 10만 명 이상이 피로인이 되었다. 1606년에 피렌체로 팔려간 한 소년은 안토니오 코레아라는 이름으로 이탈리아에 정착했다. 고니시 유키나가에게 잡혀간 권씨 성의 소년은 예수회 수사가 되어 빈첸시오라는 이름을 얻었다가 1626년 일본 막부의 가톨릭 탄압 때 순교했다.

일본군은 특히 조선의 엔지니어를 탐냈다. 자신들이 갖고 있지 않은 테크놀로지를 구사하는 조선의 엔지니어는 무엇보다도 값진 목표였다. 이와미은산이 어떻게 돈이 샘솟는 우물이 됐는지 모르는 일본인은 드물었다. 차를 마시는 도, 즉 다도에 빠져 있던 일본군은 도자기를 굽는 조선인 도공을 눈에 띄는 대로 납치했다.

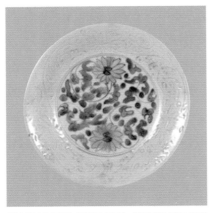
일본에서 '도기의 시조'로 불리는 이삼평이 만든 아리타도기

1558년 전라도 남원에서 태어난 박평의는 당시 일본군에게 잡혀간 도공 중 한 명이다. 박평의를 잡아간 사람은 현재의 가고시마인 규슈 최남단 사쓰마의 번주 시마즈 요시히로였다. 박평의는 좋은 도기를 만들 수 있는 흙을 찾아다닌 끝에 조선의 백자 기법을 따르는 도자기를 만들었다. 박평의가 시작한 사쓰마도기는 일본에서 최고로 쳐주는 도자기 중 하나다.

사쓰마도기에 반한 시마즈 요시히로는 심당길 등의 조선인 도공 42명이 모여 사는 마을 나에시로가와의 촌장으로 박평의를 임명했다. 이들은 비교적 좋은 대우를 받았지만 늘 고향을 그리워했다. 마을에 단군을 모시는 옥산신궁을 짓고 추석 때 조선을 향해 제사를 지냈다. 제사 지내는 시루떡을 고려병이라 불렀고 스스로를 조선인이 아닌 고려인이라 칭했다.

또 다른 인물로 이삼평이 있다. 이삼평은 규슈 서쪽 끝의 사가번 번주 나베시마 나오시게에게 잡혀갔다. 이삼평은 1616년 아리타의 천구곡에 가마를 설치하고 수준 높은 청화백자를 구웠다. 이후 이삼평이 만든 이른바 아리타도기 혹은 이마리도기는 일본뿐 아니라 1650년을 시작으로 네덜란드 동인도회사를 통해 유럽으로 대량 수출되었다. 이삼평은 일본에서 도조(陶祖), 즉 '도기의 시조'로 추앙받는다. 아리타에는 경상도 김해 태생의 도공 백파선이 연 가마도 있었다. 백파선은 같이 잡혀 왔다가 1618년에 먼저 죽은 도공 김태도의 아내다.

전쟁이 끝난 후 조선은 쇄환사를 파견해 1624년까지 세 차례에 걸쳐 피로인을 데려왔다. 다 합쳐 채 2천 명이 안 되는 수였다. 사명대사 유정이 개인 자격으로 도쿠가와 이에야스와 담판을 벌여 1605년에 데려온 3천 명보다도 적었다. 다카토리가마의 팔산처럼 가고 싶어도 일본이 못 가게 막은 경우도 있었을 터다. 먼저 돌아간 이들이 조선 조정으로부터 천민 취급을 당한 게 더 큰 이유다. 도공의 삶은 아마도 일본이 더 나았을 듯해 씁쓸하기만 하다.

12
17세기 조선의 군비 확충에 기여한
박연의 특별한 운명은?

아버지가 자초한 불필요한 전쟁으로 청의 볼모가 된 형제의 운명

1627년 1월 조선은 후금의 3만 병력으로부터 공격을 받았지만 물질적 피해가 그렇게 크지는 않았다. 후금의 목표는 명이었지 조선이 아니었다. 명을 공격하는 사이 조선에게 배후에서 공격을 받지 않을 정도면 충분했다. 후금은 조선과 형제 관계를 맺고 조선 왕족을 인질로 받는 수준에서 약 두 달 만에 군대를 철수시켰다. 후금이 형, 조선이 아우였다.

같은 시기 명은 하염없는 내리막길을 걸었다. 1622년부터 1629년까지 기근이 계속되자 농민과 군인이 곳곳에서 반란을 일으켰다. 또 1630년 요동에서 후금을 막던 원숭환이 죽었다. 원숭환을 죽인 사람은 명의 숭정제 주유검이었다. 원숭환이 후금과 내통한다는 역정보를 주유검이 믿은 탓이었다.

명의 망조는 모두에게 분명했다. 1636년 2월 16일 후금의 용골대는

"우리나라가 이미 대원을 획득했고 또 옥새를 차지했다. 이에 서달의 여러 왕자가 대호를 올리기를 원하고 있으므로 귀국과 의논하여 처리하고자 차인을 보냈다. 그러나 이들만 보낼 수 없어서 우리도 함께 온 것이다"라고 찾아와 말했다. 서달은 당시의 동몽골을 뜻하며 대호는 몽골의 한 칭호를 의미했다. 칭기스한의 바로 그 한이었다.

조선의 양반에게는 명의 망조가 보이지 않았다. 1636년 2월 21일 홍익한은 "그가 보낸 사신을 죽이고 그 국서를 취하여 사신의 머리를 함에 담아 명 조정에" 보내자고 하였고, 홍문관은 "의당 엄준한 말로 배척하여 끊는 뜻을 분명히 보이고 (중략) 비록 나라가 망하더라도 천하 후세에 명분이 설 것"이라고 인조에게 건의했다. 이렇게 하면 나라가 망하리란 사실을 홍문관의 양반들도 모르지는 않았다는 의미다. 그들은 명분만 서면 나라가 망해도 상관없었다.

1636년 2월 24일 인조는 용골대와 서달의 왕자들을 만났다. 갖고 온 편지를 받을 수 없다고 하자 용골대는 "내일 돌아가겠다"라며 화를 냈다. 서달 왕자들은 어리둥절했다. "명은 덕을 잃어 북경만을 차지하고 있다. 우리는 금에 귀순하여 부귀를 누릴 것이다. 귀국이 금과 의를 맺어 형제국이 되었다는 말을 듣고는 금의 한이 올바른 위치에 오른다는 말을 들으면 반드시 기뻐할 것이라고 여겼었다. 그런데 이처럼 굳게 거절하는 것은 어째서인가?"

막상 용골대가 화를 내고 돌아가자 조선은 겁이 났다. 무마해보려고 보낸 사신의 몸에선 엉뚱하게도 평안감사에게 전쟁 준비를 지시한 편지가 나왔다. 한 달여 후 홍타이지는 청 황제를 칭했다. 조선이 보낸 나덕헌과 이확은 즉위식에서 홀로 무릎을 꿇지 않았다. 이들은 홍타이지가 인

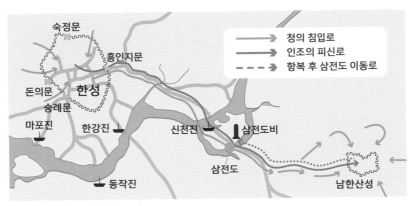
청군의 침입 경로와 삼전도에서의 항복

조에게 보낸 편지도 버리고 왔다. 전쟁이 안 일어나면 이상한 일이었다.

전쟁이 임박하자 인조는 부모의 나라 명에게 구원을 요청했다. 명은 예전처럼 군대를 보낼 형편은 못 되었다. 『인조실록』 1636년 10월 24일 자에는 명의 감군 황손무가 인조에게 한 조언이 나온다. "경학을 연구하는 것은 장차 이용을 제공하기 위한 것인데 정사를 맡겨도 통달하지 못하면 시 3백 편을 외워도 소용이 없는 것이오. 저는 귀국의 학사·대부가 송독하는 것이 무슨 책이며 경제하는 것이 무슨 일인지 이해할 수가 없었소."

조선은 홍타이지가 직접 지휘한 12만8천 병력을 당해내지 못했다. 1637년 2월 홍타이지는 인조의 장남과 차남인 이왕과 이호를 볼모로서 데리고 청으로 돌아갔다. 수십만 명의 조선인 역시 포로로 잡아갔다. 그리고는 몸값을 치르면 풀어줬다. 처음에 남자 은 5냥, 여자 은 3냥 수준이던 몸값은 나중에 은 수백 냥 이상으로 올랐다. 몸값을 감당할 수 있는 양반 2천여 명만 조선으로 돌아올 수 있었다. 그렇게 고향으로 돌아

온 여자를 지칭하는 '환향녀'는 그
들의 정절을 의심하는 양반들에
의해 '화냥년'으로 바뀌게 되었다.

    26세부터 청에서 생활한 소현세
자 이왕은 청에 와 있던 여러 나라
사람들과 교류하며 시야가 넓어졌
다. 특히 독일의 예수회 수사 아담
샬과 우의를 나누었다. 소현세자가
샬에게 보낸 편지에 나오는 "귀하
가 주신 천주상과 지구의와 천문
학과 서구과학에 관한 그 모든 저

소현세자와 교류하며 서양 문물을 전파해준 아담 샬

서는 저를 기쁘게 하였으며 그것으로 인하여 귀하에게 얼마나 감사드리
고 있는지 귀하는 짐작도 못 하실 것입니다"나 "제가 저의 왕국에 돌아
가는 즉시 그것을 궁중에서 사용할 뿐 아니라 출판하여 학자들에게 널
리 알리고자 합니다. 그것들은 장차 사막을 박학의 전당으로 완전히 바
꾸는 데 도움이 되리라고 확신합니다" 등의 문구는 그의 열린 시각을 보
여준다.

    인조는 아들 소현세자를 잠재적 위협으로 느꼈다. 소현세자 부부는 무
역과 둔전 경영 등으로 청 체류비를 조달해야 했다. 그렇게 번 돈이 남으
면 조선에 보내주기도 했다. 그런 소현세자를 인조와 조선의 양반은 "가
깝게 지내는 자는 모두가 무부와 노비들이었다. 학문을 강론하는 일은
전혀 폐지하고 오직 화리만을 일삼았으며 또 토목 공사와 구마와 애완하
는 것을 일삼았다"라고 비난했다.

1644년 베이징이 함락되면서 주유검은 자결했다. 베이징을 함락시킨 군대는 청이 아니라 이자성의 반란군이었다. 즉, 명은 자멸했다. 직후 청은 명의 반란군을 공격해 베이징을 빼앗았다. 명의 반란군과 잔존세력은 1662년까지 청에게 모두 진압되었다.

청은 명을 흡수했지만 조선에게는 일정 수준의 자치를 허용했다. 1644년 6월 베이징을 점령한 청은 1644년 12월 소현세자를 조선으로 돌려보내기로 결정했다. "북경을 얻기 이전에는 우리 두 나라가 서로 의심하여 꺼리는 마음이 없지 않았으나, 지금은 대사가 정해졌으니 피차가 한결같이 성의와 신의를 가지고 서로 믿어야 할 것"이라는 이유였다.

소현세자는 1645년 2월 18일 약 8년 만에 조선에 돌아왔다. 인조의 태도는 처음부터 끝까지 이상했다. 환영 잔치를 취소시켰고 그래도 열어야 하지 않냐는 사헌부의 건의를 묵살했다. 2월 23일 소현세자가 병이 나자 이형익에게 침을 놓게 했다. 이형익은 "괴이한 방법"을 쓰며 인조 애첩의 엄마 집을 드나들며 "추잡한 소문"을 내던 자였다. 3일간 침을 맞은 소현세자는 허무하게 2월 26일 창경궁 환경당에서 죽었다.

인조의 이상한 행동은 이후로도 이어졌다. 소현세자의 입관을 서두르게 하고 장례와 묘의 격을 낮추고 상복을 입어야 할 기간을 자신은 7일로, 신하는 3개월로 단축했다. 전혀 소현세자에게 호의적이지 않았던 『인조실록』의 사신(史臣)조차도 "막대한 상을 끝내 예에 어긋나게 치러지게 하였으니, 매우 한탄스럽다"라고 할 정도였다. 결정적으로 사간원과 사헌부가 이형익의 죄를 물어야 한다고 하였으나 인조는 끝내 따르지 않았다.

『인조실록』 1645년 6월 27일 자에는 소현세자의 시체를 염습한 종친 이세완이 "온 몸이 전부 검은 빛이었고 이목구비의 일곱 구멍에서는 모두 선혈이 흘러나오므로, (중략) 마치 약물에 중독되어 죽은 사람과 같았다"라고 전하는 말이 나온다. 이어 인조는 며느리 강빈과 강빈의 친정을 모두 죽였다. 제주도로 유배 보내진 소현세자의 큰아들 이석철과 둘째 아들 이석린은 1648년 9월과 12월 묘한 병으로 죽었다. 1649년 5월 인조가 죽지 않았다면 1644년에 태어난 소현세자의 셋째 아들 이석견도 기이한 병으로 죽었을 터였다.

인조의 뒤는 형 소현세자와 함께 청에 볼모로 잡혀갔던 이호가 이었다. 조선의 열일곱 번째 임금 효종이었다.

효종이 추진한 군사력 강화에 일익을 담당한 박연

소현세자보다 일곱 살 어렸던 효종은 군대의 정비에 관심을 가졌다. 그가 살아온 경험으로 볼 때 그럴 만했다. 열아홉 살 때 형과 함께 청에 끌려갔고 이후 청군의 명 정복을 산해관과 서역 등을 약 8년간 따라 다니며 지켜봤다. 실력과 기술이 국가에 얼마나 중요한지 뼛속 깊이 느끼기에 충분한 시간이었다.

일례로, 효종은 1652년 왕의 친위병인 금군을 기병대로 개편했다. 또한, 금군의 조련을 구체적으로 지시했다. 『효종실록』 1652년 9월 3일 자에는 "말을 타고서 활을 쏘는 자들은 말 안장에 엎드리려 하지 않으므로 적의 화살에 맞기 쉬워서 호인들이 볼 때마다 큰 웃음거리가" 된다고 지적했고, "강노라도 끝에 가서는 노호도 뚫지 못하는 법인데, (중략) 내 궁방에서 만드는 화살은 이미 그 만듦새를 조금 길게 하였다"라고 했다. 이어 1655년에는 금군의 병력을 629명에서 1천 명으로 늘렸다.

효종은 어영군도 강화했다. 어영군은 1623년 이종이 반란을 일으켜 광해군을 쫓아냈을 때 개성 유수 이귀가 임의로 조직한 부대였다. 어영 (御營)의 어는 어명이나 어가처럼 임금과 관련되었음을 나타내는 단어다. 『인조실록』 1624년 1월 12일 자에는 "어영군이라 칭하니 사람들이 모두 즐거이 나아갔습니다"라는 기록이 나온다. 그렇게 모은 260여 명이 자신에게 충성한다고 생각한 인조는 어영군의 규모를 나중에 4천여 명까지 늘렸다.

처음에 어영군은 실력을 평가해 선발된 정예병의 면모가 있었다. 겨울에 주로 쳐들어오는 청군에 대비하다 보니 10월 15일에 모였다가 2월 16일에 집으로 돌아갔다. 1년 중 4개월만 복무하면 되니 당시 다른 부대에 비해 조건이 좋았다. 이를 보고 편한 자리만 찾는 양반 자제들이 몰려들었다. 기강이 해이해진 어영군을 보고 '어영은 군대도 아니'라는 의미에서 어영비영이라는 말이 생겼고 이게 변해 '대충한다'는 뜻의 어영부영이라는 말이 생겼다.

어영부영 말고도 효종이 여러 부대 중 어영군을 우선 손댄 이유가 있었다. 어영군은 처음 구성원 260여 명이 모두 화포수였다. 즉, 포와 화승총을 사용하는 부대였다. 나중에 규모가 커진 후에는 궁수와 환도수도 갖췄지만 여전히 주력은 화포를 사용하는 병력이었다. 『효종실록』 1655년 8월 2일 자에는 어영군 병사가 종묘 근처에서 포 사격 연습을 하다 "포탄이 행랑채 아래에 떨어지기까지 하였으니 몹시 놀랄 만한 일입니다" 라는 항의가 있을 정도였다.

1652년 6월 효종은 어영군의 구성을 모병에서 징병으로 바꾸고 또 병력도 6천 명으로 늘렸다. 6천 명의 병력은 각 1천 명씩 돌아가면서 두 달

간 부대에서 복무하도록 했다. 복무기간을 줄여준 대신 유사시 자신이 직접 동원할 수 있는 병력이 늘어난다는 의미가 있었다.

군비에서 화포를 중요하게 여긴 효종이 화포의 개발에 관심을 쏟지 않는다면 그게 더 이상한 일이었다. 이를 담당한 이가 바로 박연이었다.

1595년에 태어난 박연은 훈련도감에 소속된 군인 엔지니어였다. 훈련도감은 일본과 전쟁 중에 명의 장수 낙상지의 권유에 따라 만든 부대였다. 『선조실록』 1593년 8월 19일 자에는 "훈련도감을 설치하여 합당한 인원을 차출해서 장정을 뽑아 날마다 활을 익히기도 하고 포를 쏘기도 하여 모든 무예를 훈련시키도록 하고 싶으니, 의논하여 처리하라"라는 선조의 지시가 나온다.

17세기 이래로 조선의 중앙군은 모두 다섯 부대로 편성되어 있었다. 이를 일컬어 오군영이라 불렀다. 훈련도감은 그중 가장 먼저 생긴 부대였다. 앞에 나왔던 어영군이 이름을 바꾼 어영청이 오군영의 두 번째 부대였다. 항상 5천여 명의 병력이 복무했던 훈련도감은 후금 및 청과 전쟁할 때 북쪽으로 파병되어 실전을 치르기도 한 조선군의 최정예였다.

특이하게도 훈련도감은 군대면서 동시에 무기의 개발과 제조도 병행하는 임무를 갖고 있었다. 7장에서 바다 흙으로 염초를 구워내는 데 성공한 임몽에게 상전을 베풀자고 건의한 부대가 바로 훈련도감이었다. 원래 조선에서 무기 제조를 담당하는 주무 관청은 군기시였다. 훈련도감은 군기시만큼은 아니어도 무기 제조의 책임이 있었다.

『선조실록』 1595년 6월 4일 자에는 "회암사 옛터에 큰 종이 있는데 또한 불에 탔으나 전체는 건재하며 그 무게는 이 종보다 갑절이 된다고 합니다. 이것을 가져다 쓰면 별로 구애될 것이 없습니다. 그리고 훈련도감도 조총을 주조하는 데 주철이 부족하니, 그 군인들과 힘을 합해 실어다가 화포에 소용될 것을 제외하고 수를 헤아려 도감에 나누어 쓰면 참으로 편리하겠습니다"라는 군기시의 건의가 나온다. 훈련도감과 군기시 사이의 관계를 잘 볼 수 있다.

1636년 청과의 전쟁에도 참전했던 박연은 이후 새로운 화포의 개발을 책임졌다. 이름하여 홍이포였다. 홍이포의 홍이(紅夷)는 명인이 네덜란드인을 가리켜 '붉은 머리를 한 오랑캐'라는 뜻으로 부른 홍모이가 줄어든 말이었다. 1604년 네덜란드 함대는 명이 포르투갈에게 허용한 무역항 마카오를 공격하려다가 태풍에 떠밀려 대만 서쪽 팽호제도 부근에서 심유용의 명 함대에게 패했다. 승리하긴 했지만 명은 네덜란드 함대가 보유한 포에 깊은 인상을 받았다.

조선은 청과 전쟁하면서 홍이포를 처음 겪었다. 『인조실록』 1637년 1월 22일 자에 "오랑캐 장수 구왕이 제영의 군사 3만을 뽑아 거느리고 삼판선 수십 척에 실은 뒤 갑곶진에 진격하여 주둔하면서 잇따라 홍이포를 발사하니, 수군과 육군이 겁에 질려 감히 접근하지 못하였다"라는 기록이 나온다. 갑곶진은 강화도의 방어진지로 나중에 1866년 프랑스 해군과 전투를 벌였던 곳이기도 하다.

『영조실록』 1731년 9월 21일 자에는 "본국에서 새로 준비한 동포가 오십이고 홍이포가 둘인데, 그것을 싣는 수레는 52폭입니다. 동포의 탄환 도달 거리는 2천여 보가 되고, 홍이포의 탄환 도달 거리는 10여 리가 되니, 이는 실로 위급한 시기에 사용할 만한 것입니다"라는 훈련도감의 보고가 나온다. 구리로 만든 대포인 동포가 약 4킬로미터, 홍이포는 약 6킬로미터의 사정거리를 가졌다. 박연이 훈련도감에서 만들었던 홍이포가 이때까지도 계속 제조되었다는 의미다.

네덜란드인 얀 벨테브레이가 조선인 화포 엔지니어가 된 사연

박연은 본래 얀 야너스 벨테브레이라는 이름을 가진 네덜란드인이었다. 1627년 7월 벨테브레이가 지휘하던 네덜란드 동인도회사 소속 사략선 우베르케르크는 하문을 향하던 명의 융극선과 명인 150명을 포획했다. 벨테브레이는 포로로 잡은 명인 중 70명을 우베르케르크에 싣고 자신은 15명의 네덜란드 선원과 함께 포획한 융극선에 옮겨 탔다.

대만의 타이난을 목표로 한 우베르케르크와 융극선은 곧 폭풍을 만났다. 더 큰 배인 우베르케르크는 폭풍을 이겨내고 항구에 무사히 도착했지만 벨테브레이가 탄 융극선은 그러지 못했다. 융극선이 난파해 떠밀려 간 곳은 제주도였다.

80명 대 16명이라는 수적 불균형은 명인과 네덜란드인의 처지를 바꾸어 놓았다. 명인 생존자들은 살아남은 벨테브레이를 비롯해 디어크 게스베르츠와 얀 버바스트의 세 명을 거꾸로 포로로 잡아 제주의 조선 관리에게 넘겼다. 제주목사는 이들을 동래부사에게 보냈다.

조선에 표류해 온 외국인을 대하는 조선의 입장은 명확했다. 국외 추방이 원칙이었다. 예전이라면 어디 사람인지 잘 모르는 경우 명으로 보냈다. 당시의 명은 이들을 받을 형편이 못 되었다. 그렇다고 막 전쟁을 치렀던 청에게 보내기도 애매했다. 남은 선택지는 일본뿐이었다. 가톨릭교도를 학살 중이던 일본은 간단히 거부했다. 네덜란드는 개신교 국가였지만 그런 세부 사항까지 알 리는 없었다.

다른 선택지가 없었던 조선은 세 명의 네덜란드인을 한성으로 보냈다. 1593년 1월 평양성 전투 때 명군이 사용한 불랑기포의 위력은 조선도 이미 본 바였다. 유럽인 일반을 칭하는 말인 불랑기의 포는 명이나 조선의 포보다 사정거리와 정확도가 뛰어났다. 조선은 세 명의 불랑기가 대포 제작에 도움이 될지 모른다는 생각에 모두 훈련도감에 배치했다.

선장이었던 벨테브레이는 다른 두 명과 달리 대포 제작에도 상당한 지식을 갖고 있었다. 훈련도감에 소속된 세 명의 네덜란드인은 병자호란 때 청군을 상대로 싸웠다. 디어크 게스베르츠와 얀 버바스트는 이때 전사했다.

홀로 남은 벨테브레이는 조선에 정착해 살기로 마음을 굳혔다. 박연이라는 이름도 받고 조선 여자와 결혼도 했다. 아들 하나와 딸 하나도 낳았다. 1648년에는 3년 주기로 치러지는 식년시와 별개로 치러지는 과거인 정시에 응시하기도 했다. 무과에 응시한 바 총 94명의 급제자 중 당당히 장원, 즉 1등으로 급제했다.

효종의 다섯 째 사위였던 정재륜은 『한거만록』에서 박연에 대해 다음의 기록을 남겼다. "위인이 뛰어나 식견이 있고 생각이 깊었다. 사물에 대해 말할 때는 왕이나 저명한 사람과 같았다. 선악화복의 이치를 말할 때마다 그는 '하늘이 갚아 줄 것'이라 말했다. 그의 말은 도를 깨우친 사람과 비슷했다. (중략) 박연은 몸집이 크고 살이 쪘다. 눈이 파랗고 얼굴은 희었다. 금발의 수염이 배까지 늘어져 있어 보는 사람마다 기이하게 생각했다."

1700년대 후반 규장각에서 일했던 윤행임의 『석재고』에도 박연에 대한 기록이 나온다. "박연은 하란타인이다. 조정에서는 훈련도감에 예속시켜

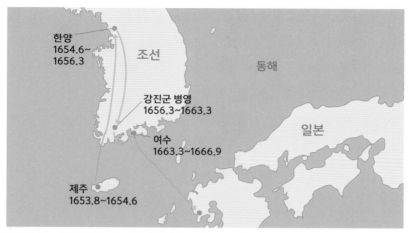

제주도로 표류해온 하멜은 동료와 함께 배를 타고 일본으로 탈출했다.

항왜와 표류해온 중국인을 거느리게 했다. 박연의 원래 이름은 호탄만이다. 병서에 재주가 있고 화포를 심히 정교하게 만들었다. 박연은 그 재능을 살려 나라에 홍이포의 제를 전하였다." 하란타는 네덜란드를 뜻하며 항왜는 조선에 투항한 일본인을 가리킨다. 호탄만은 우두머리를 뜻하는 네덜란드어 호프만이 조선인 귀에 들린 결과일 듯하다.

『효종실록』 1653년 8월 6일 자에는 박연이 조선에 떠내려온 또 다른 네덜란드인을 만난 일이 나온다. "어느 나라 사람인지 모르겠으나 배가 바다 가운데에서 뒤집혀 살아남은 자는 38인이며 말이 통하지 않고 문자도 다릅니다. (중략) 이에 조정에서 서울로 올려보내라고 명하였다. 전에 온 남만인 박연이라는 자가 보고 '과연 만인이다' 하였으므로 드디어 금려에 편입하였는데, 대개 그 사람들은 화포를 잘 다루기 때문이었다." 금려는 금군을 가리킨다.

박연이 이때 만난 이들은 『하멜표류기』를 쓴 헨드릭 하멜의 일행이었다. 이들은 일본으로 보내주기를 희망했지만 효종은 거절했다. 하멜 일행이 박연처럼 조선에 정착해 살기를 원해서였다. 탈출 시도가 반복되자 1656년 조선은 이들을 전라병영에 배치했다. 하멜이 포함된 12명은 1663년 여수의 전라좌수영으로 옮겨졌다. 1666년 하멜은 일곱 명 동료와 함께 배를 타고 일본으로 탈출했다. 나머지 선원도 교섭 끝에 1667년 모두 석방되었다. 박연은 이들을 따라가지 않았다.

조선의 군비를 충실히 하려 했던 효종의 노력은 실전에서 그 성과가 증명되었다. 17세기 중반 러시아가 시베리아 동쪽으로 진출하면서 청과 무력으로 충돌하기 시작했다. 조선의 흑룡강, 청의 헤이룽강은 러시아에 겐 아무르강이었다. 1652년 청군은 아르한스크의 러시아 진지를 공격했지만 패배했다.

『효종실록』 1654년 2월 2일 자에는 청이 "조선에서 조창을 잘 쏘는 사람 1백 명을 선발하여, 회령부를 경유하여 양방장의 통솔을 받아가서 나선을 정벌하되, 3월 초 10일에 영고탑에 도착하시오"라는 편지를 보내온 기록이 나온다. 조창은 조총, 나선은 러시아, 영고탑은 현재의 흑룡강성 영안시에 해당하는 닝구타였다. 닝구타는 발해의 다섯 수도 중 하나인 상경용천부가 있던 곳이기도 했다.

효종은 변급에게 조총수 100명을 포함한 150명 병력을 주어 파병했다. 조선군 150명은 청군 300명과 닝구타에서 합류한 후 14일간 강과 육로로 전진하여 현재 하얼빈시의 북동쪽 끝인 왈합에 도착했다. 여기서 러시아 군선 39척과 조우한 바, 조선군과 청군이 타고 간 배는 작으면 네댓 명, 크면 열일곱 명 타는 자피선이라 수전은 곤란했다. 청군과 왈합군 300명은 변급의 의견대로 강변의 가장 높은 진지에 자리를 잡고 조선군

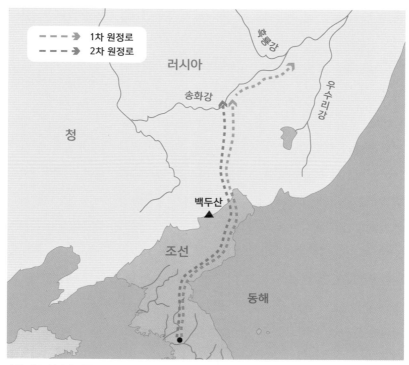

효종 때 두 차례에 걸쳐 이루어진 조선군의 러시아 파병

은 유붕, 즉 버드나무 방패를 세운 후 집중 포격과 총격을 가했다. 400명에 가까웠던 러시아군은 그대로 후퇴했다.

1655년 청군은 단독으로 러시아군 요격에 나섰다. 밍안달리는 1만 병력으로 러시아군의 코마르 요새를 포위 공격했지만 함락에 실패했다. 식량이 떨어진 청군은 20일 만에 후퇴했다. 1657년 재차 공세를 폈지만 전과가 없었다.

결국 청은 다시 한번 조선군의 출병을 요구했다. 『효종실록』 1658년 3월 3일 자는 "대국이 군병을 동원하여 나선을 토벌하려는데, 군량이 매우 부족합니다. 본국에서도 군병을 도와주어야 하지 않겠습니까. 본국에서 다섯 달 치의 군량을 보내 주시오"라며 청의 사신이 말하자 효종이 "먼 지역에 군량을 운송하자면 형세상 매우 어렵기는 하지만, 어찌 요구에 응하지 않을 수 있겠소"라고 답한 기록이다.

이번 원정에 청은 그간의 경험을 교훈 삼아 대형 군선과 약 2천 명의 병력을 동원했다. 신류가 지휘한 조선군 역시 조총수 200명을 포함한 265명으로 규모가 커졌다. 1차 때보다 더 북쪽 깊숙이 진출한 청−조선 연합군은 1658년 6월 흑룡강과 송화강이 만나는 지점에서 오누프리 스테파노프가 지휘하는 러시아군 선대와 치열한 교전을 벌였다.

신류는 『북정록』에서 당시의 전투를 "적선 11척이 흑룡강 한가운데에 닻을 내리고 있는 것을 보고 아군이 즉각 적선을 향해 달려들었다. 숨 돌릴 겨를 없이 총탄과 화살이 빗발치자 배 위에서 총을 쏘던 적병조차 드디어 견디지 못하고 모두 배 속으로 들어가 숨거나, 배를 버리고 강가의 풀숲으로 도망쳤다"라고 썼다. 러시아 군선 11척 중 7척이 불탔고 3척이 포획되었다.

러시아군 생존자였던 페트릴로프스키는 이날의 전투를 다음처럼 기록했다. "이 전투에서 대장 스테파노프와 코사크 병사 270명이 전사했다. 차르에게 바칠 국고 소유의 담비 가죽 3,080장, 대포 6문, 화약, 납, 군기, 식량 등을 실은 배가 모두 침몰했다. 겨우 성상을 실은 배 1척에 95명이 올라타 간신히 탈출했다." 청군의 전사자와 부상자는 120여 명과 200여 명, 조선군의 전사자와 부상자는 각각 7명과 25명으로 청−조선 연합군의 압도적인 승리였다.

조선은 동맹으로서 청과 같이 전투를 치렀고 또 화포에 관해서 청이

나 러시아 이상의 실력을 보여주었다. 이후 조선을 대하는 청의 태도가 조금은 달라졌다. 이는 물론 작은 승리였을 뿐 조선의 운명이 이로써 바뀌지는 않았다. 사람을 귀하게 여기지 않고 신분에 따른 차별을 당연하게 여기는 양반의 행태는 오히려 강화되었다. 멸망한 명의 정통성을 이은 소중화라는 자부심은 계속해서 조선의 눈을 멀게 했다. 200여 년 후 조선 왕조는 나라를 빼앗겼다.

청어람미디어의 정종호 대표께서 나오는 말 추가를 부탁하셨을 때 이 책에서 가장 어려운 부분이 되리라 짐작했었습니다. 원고를 마무리하면서 마주해보니 역시 제일 어렵습니다.

저는 역사를 공부한 사람은 아니지만 엔지니어링은 조금 알고 있습니다. 사회를 혁신하는 테크놀로지에 투자하는 일이 제 본업입니다. 그러한 배경에서 쓴 한국 역사는 찾기 어려웠습니다. 테크놀로지 영역에서 자부심을 가질 만한 우리의 과거와 또 실패도 따랐던 선대 엔지니어의 도전에 대한 이야기로 이 책이 자리매김하면 좋겠습니다.

역사란 무엇일까, 이 책을 쓰며 다시 생각해보게 되었습니다. 역사에도 여러 종류가 있을 겁니다. 가족의 역사도 있고 회사의 역사도 있고 심지어는 개인의 역사도 있을 테지요. 다 나름의 역사입니다. 한국이라는 나라의 역사 역시 그중 하나일 수 있습니다.

여러 층위의 역사가 존재하는 만큼 때로는 서로 충돌합니다. 단적으로 한 개인의 역사와 한국의 역사가 완전히 같은 이야기를 할 리는 없을 겁니다. 조선이 쓰기를 거부한 연은법을 외국에 알린 조선인이 잘못한 걸까요? 아니면 국민이 애써 개발한 연은법을 나 몰라라 하고 그냥 묻어두려 했던 조선의 왕실과 양반이 잘못한 걸까요?

국가와 공동체의 역사는 개인의 역사를 넘어섭니다. 개인의 역사가 '작은 나'라면 국가와 공동체의 역사는 '큰 나'입니다. 작은 나의 역사는 나의 죽음으로 무로 돌아갑니다. 큰 나는 그렇지 않습니다. 나의 수많은 할아버지, 할머니가 있었기에 내가 있습니다. 또 나는 수많은 자손의 할아버지나 할머니로서 그들의 삶에 책임이 있습니다.

혈통으로 국가의 역사를 설명했지만 그게 전부는 아닙니다. 피를 나누지 않았다고 해서 역사를 함께하는 한국인이 못 된다고 얘기할 수는 없습니다. 박연은 단군의 후손은 아니지만 자랑스러워할 만한 선대 한국인입니다.

반면 한국에서 태어났지만 캘리포니아에 살면서 한국 욕하는 유튜브를 올리는 사람은 어떨까요? 그는 국적상 한국인이 아닐뿐더러 마음은 더욱 아닌 외국인일 뿐입니다. 일본에 나라를 팔고 일본의 백작이 된 이완용도 그가 말한 것처럼 뿌리는 한국인입니다. 한국 사람이라면 과거든 현재든 혹은 미래든 이완용을 부끄러워할 겁니다. 그런 게 한국 역사입니다.

최근 '대한민국민족주의'라는 표현을 접했습니다. 1945년 이전의 한국은 나랑 별로 상관없는 일로 여기는 민족주의라고 합니다. 제게는 그냥 좁고 자그마한 나의 역사처럼 들렸습니다. 여러분이 이 책을 통해 더 큰 나를 찾고 바라보게 되기를 기대해봅니다.

한 가지 아쉬움과 기대를 더하면서 나오는 말을 마치고 싶습니다. 한국사를 빛낸 자랑스러운 여자 엔지니어도 소개하고 싶었는데 제가 부족한 탓에 많이 찾지 못했습니다. 아리타도기의 백파선이 유일한 경우였습니다. 사실은 안 찾아져서 포기하고 있다가 마지막 순간에 눈에 띄어 기쁜 마음으로 포함했습니다. 백파선이 일본에 잡혀가지 않고 조선에 있었다면 과연 그 이름이 알려졌을까 하는 의문이 들기도 합니다. 앞으로 언젠가 누군가 제가 한 작업을 다시 하게 되었을 때 자랑스러운 후배 여자 엔지니어가 많이 포함될 수 있기를 진심으로 응원합니다.

참고문헌

강명관, **조선에 온 서양 물건들**, 휴머니스트, 2015.

계승범, **우리가 아는 선비는 없다**, 역사의아침, 2011.

고지카이 도시아키, 방광석 옮김, **민족은 없다**, 뿌리와이파리, 2003.

국사편찬위원회, **신편한국사**, 탐구당, 2003.

권오상, **미래를 꿈꾸는 엔지니어링 수업**, 청어람e, 2019.

권오상, **혁신의 파**, 청어람미디어, 2018.

권오상, **엔지니어 히어로즈**, 청어람미디어, 2016.

권오영, **해상 실크로드와 동아시아 고대국가**, 세창출판사, 2019.

김덕호 외, **근대 엔지니어의 탄생**, 에코리브르, 2013.

김동진, **조선, 소고기 맛에 빠지다**, 위즈덤하우스, 2018.

김동환, 배석, **금속의 세계사**, 다산에듀, 2015.

김문길, **임진왜란은 문화전쟁이다**, 혜안, 1995.

김삼웅, **왜곡과 진실의 역사**, 동방미디어, 1999.

김상기, **고려시대사**, 서울대학교출판부, 1999.

김시덕, **일본인 이야기**, 메디치미디어, 2019.

김영제, **고려상인과 동아시아 무역사**, 푸른역사, 2019.

김용근, **기술은 예술이다**, 금요일, 2013.

김운회, **몽골은 왜 고려를 멸망시키지 않았나**, 역사의아침, 2015.

김종성, **한국 중국 일본, 그들의 교과서가 가르치지 않는 역사**, 역사의아침, 2015.

김형진, **인조의 나라**, 새로운사람들, 2020.

김호, **조선과학 인물열전**, 휴머니스트, 2003.

김효철 외, **한국의 배**, 지성사, 2006.

도리우미 유타카, **일본학자가 본 식민지 근대화론**, 지식산업사, 2019.

루이스 멈퍼드, 문종만 옮김, **기술과 문명**, 책세상, 2013.

루이스 부치아렐리, 정영기 옮김, **공학철학**, 서광사, 2015.

루이스 프로이스, 이건숙 옮김, **거룩한 불꽃**, 가톨릭출판사, 2019.

마쓰오카 세이코, 김승일 외 옮김, **정보의 역사를 읽는다**, 넥서스, 1998.

미야지마 히로시, **나의 한국사 공부**, 너머북스, 2013.

민병만, **한국의 화약역사: 염초에서 다이너마이트까지**, 아이워크북, 2009.

민승기, **조선의 무기와 갑옷**, 가람기획, 2019.

박상국, **세계 최초의 금속활자본**, 남명증도가, 김영사, 2020.

박시백, **박시백의 조선왕조실록 1-20**, 휴머니스트, 2015.

박정진, **아직도 사대주의에**, 전통문화연구회, 1994.

박종인, **땅의 역사 1, 2**, 상상출판, 2018.

배리 파커, 김은영 옮김, **전쟁의 물리학**, 북로드, 2015.

서신혜, **조선의 승부사들**, 역사의아침, 2008.

성삼제, **고조선, 사라진 역사**, 동아일보사, 2014.

손보기, 김문경, 김성훈, **장보고와 21세기**, 혜안, 1999.

송기호, **한국 온돌의 역사**, 서울대학교출판문화원, 2019.

신기욱, 마이클 로빈슨, 도면회 옮김, **한국의 식민지 근대성**, 2006.

신동준, **무경십서**, 위즈덤하우스 2012.

신류, **북정록**, 서해문집, 2018.

신용하, **일제 식민지정책과 식민지근대화론 비판**, 문학과지성사, 2006.

신채호, **조선상고사**, 비봉출판사, 2006.

아더 훼릴, 이춘근 옮김, **전쟁의 기원**, 인간사랑, 1990.

아손 그렙스트, 김상열 옮김, **스웨덴기자 아손, 100년 전 한국을 걷다**, 책과함께, 2005.

안대회, **벽광나치오**, 휴머니스트, 2011.

어니스트 볼크만, 석기용 옮김, **전쟁과 과학, 그 야합의 역사**, 이마고, 2003.

에드워드 슐츠, 김범 옮김, **무신과 문신**, 글항아리, 2014.

오순제, **고구려는 어떻게 역사가 되었는가**, 채륜서, 2019.

윤명철, **고조선문명권과 해륙활동**, 지식산업사, 2018.

윤명철, **한국 해양사**, 학연문화사, 2014.

윤명철, **한민족 바다를 지배하다**, 상생출판, 2011.

윤명철, **장보고 시대의 해양활동과 동아지중해**, 학연문화사, 2002.

윤용현, **전통 속에 살아 숨 쉬는 첨단 과학 이야기**, 교학사, 2012.

이광희, **한국사를 뒤흔든 20가지 전쟁**, 씽크하우스, 2007.

이내주, **한국 무기의 역사**, 살림출판사, 2013.

이덕리, **상두지**, 휴머니스트, 2020.

이덕일, **아나키스트 이회영과 젊은 그들**, 웅진닷컴, 2001.

이덕일, **한국사 그들이 숨긴 진실**, 역사의 아침, 2009.

이덕일, 김병기, **고조선은 대륙의 지배자였다**, 역사의아침, 2006.

이병도, **삼국사기**, 을유문화사, 1996.

이상윤, **기술, 배, 정치**, 높은새, 2016.

이성규, **조선왕조실록에 숨어 있는 과학**, 살림Friends, 2015.

이성규, **조선과학실록**, 맞닿음, 2014.

이수광, **조선의 프로페셔널**, 시아, 2012.

이승철, **한지**, 현암사, 2005.

이윤석, **조선시대 상업출판**, 민속원, 2016.

이장주, **우리 역사 속 수학 이야기**, 사람의무늬, 2012.

이주한, **노론 300년 권력의 비밀**, 역사의아침, 2011.

이주한, **한국사가 죽어야 나라가 산다**, 역사의아침, 2013.

이형구, **한국 고대문화의 비밀**, 새녘, 2012.

임용한, **전쟁과 역사: 삼국편**, 혜안 2001.

임홍빈, 유재성, 서인한, **조선의 대외 정벌**, 알마, 2015.

장수근, **삼국유사의 연구**, 중앙출판사, 1982.

장한식, **오랑캐 홍타이지 천하를 얻다**, 산수야, 2018.

전상운, **한국과학기술사**, 정음사, 1979.

정광, **조선가**, 김영사, 2020.

정기문, **역사는 재미난 이야기라고 믿는 사람들을 위한 역사책**, 책과함께, 2018.

정명섭, **왜란과 호란 사이 38년**, 추수밭, 2019.

정순태, **여몽연합군의 일본 정벌**, 김영사, 2007.

조용준, **메이지 유신이 조선에 묻다**, 2018.

조용준, **일본 도자기 여행**, 도도, 2016.

존 맨, 남경태 옮김, **구텐베르크 혁명**, 예지, 2003.

진화수, **임진왜란 조선인 포로의 기억**, 국립진주박물관, 2010.

카를로 치폴라, 최파일 옮김, **시계와 문명**, 미지북스, 2014.

카를로 치폴라, 최파일 옮김, **대포 범선 제국**, 미지북스, 2010.

토마스 크로웰, 이경아 옮김, **워 사이언티스트**, 플래닛미디어, 2011.

필립 호프먼, 이재만 옮김, **정복의 조건**, 책과함께, 2016.

한명기, **원치 않은 오랑캐와의 만남과 전쟁**, 동북아역사재단, 2020.

허수열, **개발 없는 개발**, 은행나무, 2016.

허수열, **일제초기 조선의 농업**, 한길사, 2011.

황상석, **장보고의 글로벌 경영 혁명**, 푸른지식, 2017.

Arthur, W. Brian, **The Nature of Technology: What it is and How it Evolves**,

Free Press, 2011.

Burke, James, **Connections**, Simon & Schuster, 2007.

Dorner, Dietrich, **The Logic of Failure**, Basic Books, 1996.

Florman, Samuel C., **The Existential Pleasures of Engineering**, 2nd edition, St. Martin's Griffin, 1996.

Ip, Greg, **Foolproof: Why Safety Can Be Dangerous and How Danger Makes Us Safe**, Little Brown and Companey, 2015.

Madhavan, Guru, **Applied Minds: How Engineers Think**, W. W. Norton & Company, 2015.

Petroski, Henry, **To Engineer is Human**, Barnes & Noble, 1985.

Zalasiewicz, Jan and Mark Williams, **Skeletons: The Frame of Life**, Oxford University Press, 2018.

村井章介, **日本の史料整理事業と韓國關係史料**, 國史館論叢 第73輯